Políticas para la Sustentabilidad y la Seguridad Alimentaria

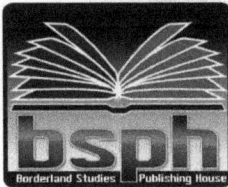

José Luis Ibave González
Joel Badillo Lucero
Guillermo Cervantes Delgado
Edgar Isaac Yáñez Ortíz

bsph
Borderland Studies | Publishing House

Políticas para la Sustentabilidad y la Seguridad Alimentaria

José Luis Ibave González

Joel Badillo Lucero

Guillermo Cervantes Delgado

Edgar Isaac Yáñez Ortíz

2020

Este libro contiene información obtenida de fuentes auténticas y de gran prestigio resultado de esfuerzos razonables para publicar datos e información confiables, ni el autor ni el editor pueden aceptar ninguna responsabilidad legal por los errores u omisiones que puedan cometerse

© 2020 Borderline Studies Publishing House International Standard Book

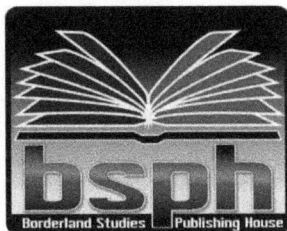

ISBN: 978-1-948150-41-5

Prefacio

La humanidad se enfrenta a un creciente cataclismo de sufrimiento resultado de la retrodegradación de sectores extremistas alimentados por la desinformación y por posturas de constante lucha ideológica que vela la racionalidad y los lleva a una constante destrucción, sin sentido, de recursos irreemplazables aunado a la creciente amenaza del calentamiento global. Lo anterior, se refleja en las crisis recurrentes tanto en lo social como ambiental, que ha llevado al mundo de hoy a convertirse en un archivo de elecciones humanas, decisiones, opiniones legales, acciones posteriores y consecuencias agravantes, donde unas cuantas personas con poder político toman decisiones contrarias a la promoción y logro del bienestar social y ambiental de la humanidad y, en un sentido estricto, de la Tierra, frustrando con demasiada frecuencia, las acciones directas y adecuadas para la sustentabilidad, desarrollo sostenible y seguridad alimentaria de la población. Por el contrario, estamos en un momento de la historia donde el sistema político/legal de una minoría socialmente poderosa que teme perder sus ventajas económicas, está sumiendo al resto en una vorágine de autodestrucción. Sin embargo, aunque muchos de los problemas actuales parecen insolubles, podemos mitigar o reparar muchos de los conflictos que la humanidad ha creado. Para ello, se requiere verter habilidad, ingenio, financiamiento y prioridad en acciones específicas de restauración, como primer paso fundamental para cambiar y comenzar a vivir dentro de un sistema de Derechos de Sustentabilidad y Soberanía Alimentaria con irrestricto apego de la Naturaleza.

Es importante empezar a contribuir a una racionalidad que permita mantener los ecosistemas y, por ende, los aspectos de sustentabilidad, seguridad alimentaria y desarrollo sostenible cobran vital importancia ante el patente cambio climático y las exclusiones sociales de carencia de lo más elemental de muchos sectores de la población como es un trabajo digno, la salud y bienestar general, la educación de calidad para todos, entre otros derechos fundamentales. Es por ello, que tenemos que *actuar en forma local si queremos impactar positivamente en lo global.*

La naturaleza reconvierte sus sistemas en contra de lo que el hombre le ha negativamente impactado en contra de su auto supervivencia por lo que en esta obra pretendemos centrar al lector para que se convierta en un actor de cambio, centrado en tratar de comprometerse a realizar una serie de actividades de restauración necesarias para el avance hacia la sustentabilidad; entendida esta como: la capacidad de un sistema natural para mantener sus funciones críticas.

Si lo vemos de una forma de analogía, podemos visualizarla como el inicio del corte de los hilos de una red, conservará la capacidad de actuar como una red sólo mientras una cantidad suficiente de hilos permanezcan interconectados. Pero la efectividad general de la red se reduce con el corte de cada hebra. Cuando se hayan cortado suficientes hebras aparentemente inútiles, la red desarrollará agujeros tan grandes que su capacidad para funcionar como fue diseñada terminará. Es por ello, que las sociedades humanas deben dejar de hacer más daño. Aunque este debería ser el paso más fácil de tomar, a menudo es el más difícil porque, desde la Revolución Industrial, nuestra sociedad ha dependido de la explotación de recursos mucho más de lo que pueden sostener los ecosistemas del mundo con sus poblaciones humanas en crecimiento.

La verdadera sostenibilidad sólo se puede lograr pensando de manera sistémica, no simplemente abordando un síntoma tras otro sin abordar el sistema en su conjunto.

INDICE

CAPÍTULO I

CONCEPTO DE SUSTENTABILIDAD Y SEGURIDAD ALIMENTARIA

Ana Karen Delgado Rocha y José Luis Ibave González

Introducción

La seguridad alimentaria y la sustentabilidad son dos conceptos con una estrecha vinculación. La seguridad alimentaria, definida por el Programa Mundial de Alimentos (PMA, WFP) como "una condición que existe cuando todas las personas, todo el tiempo, están libres del hambre" (WFP, 2009), es un problema multidimensional que se ha intentado concretar en repetidas ocasiones. Dentro del intento de definirla, se le ha relacionado con la sustentabilidad, concepto igualmente discutido y utilizado por diversos grupos y organizaciones no gubernamentales y gobiernos, quienes a menudo acuñan sus propias definiciones. La definición más aceptada de sustentabilidad debido a su amplia divulgación desde entonces fue la del Informe Brundtland "Our Common Future", que la define como "aquel que responde a las necesidades del presente de forma igualitaria, pero sin comprometer las posibilidades de sobrevivencia y prosperidad de las generaciones futuras" (CMMAD, 1987). La vinculación entre ambos conceptos radica en que la sustentabilidad es nada menos que una condición previa para que la seguridad alimentaria pueda llevarse a largo plazo; es decir, es parte de la planeación de un bienestar saludable continuo a lo largo de la vida, y para las futuras generaciones.

II. Seguridad Alimentaria.

El concepto de seguridad alimentaria ha ido evolucionando y reflejando los cambios en el pensamiento político con el paso del tiempo. Durante la década de los setenta, se había prestado especial atención solo a la oferta debido a la crisis alimentaria que afectó a los países en desarrollo durante esa época. Se llevó a cabo entonces la Conferencia Mundial de Alimentación de las Naciones Unidas en 1974, y se definió por primera vez el concepto de seguridad alimentaria como "disponibilidad en todo momento de un suministro mundial suficiente de alimentos básicos para sostener una expansión constante del consumo de alimentos y para compensar las fluctuaciones en la producción y los precios" (Naciones Unidas, 1975). En 1983, la Organización para la Alimentación y la Agricultura (ONUAA, FAO) adoptó una resolución sobre Seguridad Alimentaria Mundial, y amplió el concepto e incluyó el acceso de las personas vulnerables a los suministros disponibles: "el objetivo último de la seguridad alimentaria mundial debería ser asegurar que todas las personas en todo momento tengan acceso físico y económico a los alimentos básicos que necesitan." (FAO, 1983). En 1986, el informe del Banco Mundial sobre la pobreza y el hambre se centró en la dinámica temporal de la inseguridad alimentaria. El informe introdujo la distinción entre la inseguridad alimentaria crónica, asociada a problemas de pobreza continua o estructural y los bajos ingresos e inseguridad alimentaria transitoria, que involucró períodos de presión causados por desastres naturales, colapso económico o conflicto (Banco Mundial, 1986). Estas preocupaciones se reflejaron en una extensión de la seguridad alimentaria para incluir el "acceso de todas las personas en todo momento a alimentos suficientes para una vida activa y saludable". Finalmente, en 1996, la Cumbre Mundial sobre la Alimentación (World Food Summit, WFS) creó lo que sería la definición más comúnmente aceptada, reforzando la naturaleza multidimensional de la seguridad alimentaria: "la seguridad alimentaria existe cuando todas las personas, en todo momento, tienen acceso físico, [social] y económico a alimentos suficientes, inocuos y nutritivos que satisfagan sus necesidades dietéticas y preferencias alimentarias para una vida activa y saludable" (FAO, 1996). El término "social" se agrega a esta definición en 2002.

III. Las dimensiones de la Seguridad Alimentaria.

La seguridad alimentaria se conceptualiza comúnmente apoyándose en cuatro pilares: disponibilidad, acceso, utilización y estabilidad. La disponibilidad refleja el lado de la oferta del concepto de la seguridad alimentaria. El PMA lo define como "la cantidad de comida que está presente en un país o área, a través de todas las formas de producción nacional, importaciones, existencias de alimentos y ayuda alimentaria" (WFP, 2009). Para que todas las personas tengan alimentos suficientes, en teoría debe haber una disponibilidad adecuada. Sin embargo, la ampliación del concepto de 1974 mencionada anteriormente ya puede hacernos intuir que la seguridad alimentaria no es simplemente una cuestión de disponibilidad de alimentos. El suministro de alimentos en realidad no garantiza el acceso universal a alimentos "suficientes, inocuos y nutritivos", ni garantizan que los alimentos a los que las personas sí tienen acceso utilicen todo su potencial para promover la salud y el bienestar de los humanos (Barret & Lentz, 2009). La producción agrícola ha crecido continuamente los últimos cincuenta años, incluso más que la población, por lo que los productos alimenticios disponibles son suficientes para alimentar a más de la población mundial actual, pero, aun así, algunas personas continúan sin tener acceso a alimentos (Sadik, s.f.). De ahí el segundo pilar del concepto. La dimensión de "acceso" se relaciona más con conceptos de las ciencias sociales sobre el bienestar del individuo o del hogar, aunque también tiene una dimensión logística (Simon, 2012). Tal es el caso en el que, por ejemplo, se produzcan alimentos "suficientes" en un país o zona en particular, y sin embargo, en otra región con instalaciones de transporte limitadas entre ambas regiones sea difícil acceder a dichos alimentos. En una situación de seguridad alimentaria, entonces, los alimentos están disponibles en el lugar donde las personas realmente lo necesitan. El PMA la define como "la capacidad de un hogar a para adquirir cantidades adecuadas de alimentos regularmente a través de una combinación de producción, compras, trueque, préstamos, asistencia alimentaria o regalos" (WFP, 2009). Este enfoque del concepto refleja el lado de la demanda de la seguridad alimentaria. Esto también se manifiesta en la forma en la que se habla de las "preferencias alimentarias" dentro de la definición de la FAO, que se destina a capturar las limitaciones culturales sobre los alimentos consistentes con los valores predominantes de una población (Barret & Lentz, 2009). Por otro lado, el pilar de "utilización" refleja preocupaciones sobre si las personas y los hogares hacen un buen uso de los alimentos. Esto es, en resumen, si se tienen buenas prácticas de alimentación, preparación de alimentos, diversidad de la dieta, lo que determinaría el estado nutricional de los individuos (FAO, 2008). El PMA además menciona en su definición que "la utilización de los alimentos depende de una dieta adecuada, agua potable, saneamiento y asistencia sanitaria" (WFP, 2009). Se han hecho observaciones, por ejemplo, por parte de esta misma organización, de la población que vive donde hay alimentos disponibles, y con pleno acceso a éstos, y se ha concluido que estas comunidades pueden seguir sufriendo malnutrición principalmente debido a una utilización incorrecta de los productos alimenticios (PMA, 2002).

Es por esto por lo que es muy importante la capacitación para ayudar a las personas a optimizar el uso de los alimentos disponibles y a los que tienen acceso. Además, como menciona el PMA, la utilización de alimentos también se relaciona con el agua potable, el saneamiento y la atención médica. Esta definición no se trata solamente de la nutrición, sino también de otros elementos que se relacionan con el uso, la conservación y la preparación de los productos alimenticios. La cuarta dimensión de la seguridad alimentaria es la estabilidad. Es a lo que se refiere la definición de WFS cuando dice "en todo momento". Incluso si la ingesta de alimentos es adecuada hoy, se considera que existe inseguridad alimentaria si hay un acceso inadecuado a los alimentos en distintos períodos del tiempo, lo que implicaría el riesgo de un deterioro del estado nutricional; se puede hablar entonces de situaciones como lo son las condiciones climáticas adversas, la inestabilidad política, o incluso factores económicos, como el desempleo o el aumento de precios. Es por esto que se hace una distinción entre la inseguridad alimentaria crónica y transitoria. Como el nombre lo indica, la inseguridad alimentaria crónica es cuando es prolongada o persistente, y suele estar asociada con problemas estructurales de disponibilidad, acceso o utilización. Las medidas usuales para intentar superar este tipo de inseguridad alimentaria son las medidas de desarrollo a largo plazo, como la educación, o también un acceso más directo a los alimentos para que puedan aumentar su capacidad productiva. Por otro lado, la inseguridad alimentaria transitoria se asocia con interrupciones repentinas y temporales en la disponibilidad, el acceso o, con menos frecuencia, la utilización. En estos casos, ya que se trata de un tipo de inseguridad alimentaria relativamente impredecible y/o repentina, hace que la planificación y programación sean más difíciles, por lo que se requieren diferentes tipos de intervención, como la alerta temprana y programas de seguridad (FAO, 2008).

IV. La Sustentabilidad.

Los procesos que comenzaron a tener lugar desde los inicios de la industrialización, y las racionalidades económicas, sociales, políticas e instrumentales que se desplegaron se traducen hoy en día en un consumo irracional y no sostenible (Lezama & Domínguez, 2006). El concepto de sustentabilidad nace precisamente cuando la sociedad y los gobiernos toman conciencia de que lograr un crecimiento económico sostenido en un marco de recursos finitos es imposible de lograr. La discusión sobre los límites ecológicos se inicia en los años setenta, con la publicación del estudio de Meadows et al. (Meadows, 1972), quienes fundamentaron este pensamiento, refiriéndose tanto a los recursos naturales limitados, así como a las limitaciones en las capacidades de los ecosistemas en amortiguar y superar los impactos ambientales. Pero este informe se trató mucho más que una alerta sobre el impacto ambiental, dado que su pensamiento desafió por primera vez la idea contemporánea del desarrollo como un crecimiento perpetuo (Gudynas, 2011). A esto le siguió el movimiento ambientalista moderno, cuyo éxito tan rotundo hace que el Congreso de los Estados Unidos establezca la EPA (Enviromental Protection Agency), la primera agencia gubernamental dedicada exclusivamente al cuidado del medio ambiente. En el año 1983, la Comisión Mundial Medio Ambiente y Desarrollo de las Naciones Unidas (WCED) identificó por primera vez la importancia de evaluar cualquier acción o iniciativa humana desde tres enfoques: el económico, el ambiental y el social (Calvente, 2007).

V. Concepto de Sustentabilidad

En 1987 se difunde de forma extendida por primera vez el concepto de desarrollo sustentable, escrito en el Informe Brundtland "Our Common Future", desde la Comisión Mundial sobre el Medio ambiente y el desarrollo (CMMAD). Este informe alertaba sobre los efectos negativos al medio ambiente producto de la globalización, y definió el desarrollo sustentable como "aquel que responde a las necesidades del presente de forma igualitaria, pero sin comprometer las posibilidades de sobrevivencia y prosperidad de las generaciones futuras" (CMMAD, 1987). Esta es la definición más difundida y utilizada con los más diversos propósitos, pero el texto original continúa con lo siguiente: "El concepto de desarrollo sostenible implica límites, no límites absolutos, sino limitaciones que imponen a los recursos del medio ambiente el estado actual de la tecnología y de la organización social y la capacidad de la biósfera de absorber los efectos de las actividades humanas, pero tanto la tecnología como la organización social pueden ser ordenadas y mejoradas de manera que abran el camino a una nueva era de crecimiento económico" (CMMAD, 1987).

Como se puede apreciar, en la definición completa hay varios componentes en juego. Primero, toca la idea de las limitaciones, que es por lo que existe la tendencia a considerar que el aspirar a la sustentabilidad es aspirar a estados anteriores primitivos, cuando esencialmente lo que se busca es avanzar hacia una relación diferente entre la economía, el ambiente y la sociedad; es decir qué busca fomentar un progreso, pero desde un enfoque diferente y amplio (Calvente, 2007). El texto de Brundtland termina con esta anotación optimista que pone énfasis en las capacidades para manipular las condiciones sociales, económicas, políticas y tecnológicas frente a los límites ecológicos, lo que permite llegar a la conclusión de la defensa del crecimiento económico (Gudynas, 2011). Pero la definición en sí es ambigua, por lo que, de acuerdo a la perspectiva o gustos, algunos pueden enfatizar el compromiso con las generaciones futuras, otros con el reconocimiento del límite ambiental y finalmente, estarán los que se enfoquen en el crecimiento económico. Nadie tiene más razón que el otro en este sentido, puesto que la sustentabilidad puede ser cualquiera de estas cosas, y por lo tanto, puede utilizarse en contextos muy distintos (Gudynas, 2011). Esta razón es precisamente la que llevó a muchos a intentar reencauzar la idea. Entre estos, destaca la definición de la Segunda Estrategia Mundial de la Conservación (EMCII), documento en el que se admite que la definición del Informe Brundtland se presta a interpretaciones muy diversas, "muchas de las cuales son contradictorias" (UICN, ONUMA Y WWF, 1991). Se habla de cómo el Informe se refiere de forma indistinta a "desarrollo sostenible", "crecimiento sostenible" y "utilización sostenible", cuando los significados no son idénticos. Además, advierte que el concepto de "crecimiento sostenible" es un término contradictorio, ya que nada físico puede crecer de forma indefinida. La definición que se da en la Estrategia es mucho más precisa: "mejorar la calidad de la vida humana sin rebasar la capacidad de carga de los ecosistemas que la sustentan" (1991). Además, se asocia a otros dos conceptos, productos del primero: el de "economía sostenible", que se refiere a una economía que mantiene su base de recursos naturales y puede continuar desarrollándose mediante el aumento de los conocimientos, la organización y la eficiencia técnica; y la "sociedad disponible" la cual vive de conformidad con una serie de principios tales como respetar y cuidar a los seres vivos, modificar las actitudes y prácticas personales, entre otros.

VI. Sustentabilidad y Seguridad Alimentaria

La sustentabilidad tiene una relación muy estrecha con el concepto de seguridad alimentaria. Por ejemplo, se puede incorporar en las dimensiones de disponibilidad y de acceso para la sostenibilidad a largo plazo de la producción y de consumo de alimentos, respectivamente. En otras palabras, esta relación nos habla de la preocupación común por proporcionar simultáneamente suficientes alimentos, en cantidad (y calidad), para satisfacer las necesidades nutricionales de una población en crecimiento, y conservar los recursos naturales para no privar a las generaciones futuras de esta misma seguridad alimentaria. Sin embargo, esta definición de una seguridad alimentaria sustentable deja fuera los otros aspectos de la seguridad alimentaria: la estabilidad y la utilización. Por esto, también se relaciona la sustentabilidad como parte de la extensión del marco temporal de estabilidad; es decir, se habla de una estabilidad a largo plazo, o incluso hay autores que consideran que podría considerarse como una quinta dimensión separada de la seguridad alimentaria que represente y monitoree la capacidad de asegurar todas las primeras cuatro dimensiones de la seguridad alimentaria, con el fin reunir, de manera íntegra, otras nociones importantes como la agricultura sostenible, la economía sostenible, la producción alimentaria sostenible y las dietas sostenibles (Berry, Dernini, Burlingame, Meybeck, & Conforti, 2015). De acuerdo con Berry et al. (2015), la sustentabilidad puede considerarse una condición previa para la seguridad alimentaria a largo plazo. Recordemos que la sustentabilidad se refiere a algo más que el cuidado al medio ambiente: es avanzar hacia una relación distinta entre la economía, el ambiente y la sociedad. Primero, el medio ambiente como lo es el clima y la posibilidad de obtener recursos naturales, son condiciones previas para la disponibilidad de alimentos y la preservación de la biodiversidad y, por otro lado, la sostenibilidad económica y social es necesaria para la accesibilidad de todos a los alimentos. La sostenibilidad social también es un determinante para la utilización de los alimentos. Todo este conjunto de interrelaciones se puede observar en la Figura 1-1. En resumen, la inclusión de la sustentabilidad es un punto clave en la seguridad alimentaria debido a su interrelación compleja en cada una de sus dimensiones. Para que la seguridad alimentaria cumpla con todos sus objetivos, se tiene que integrar también el tema de la sustentabilidad como parte de la agenda, pero esto funciona también a la inversa.

El concepto de sustentabilidad a largo plazo tiene como efectos la seguridad alimentaria, por lo que es menester concretar esta relación para que el concepto sea más aceptado y comprensible.

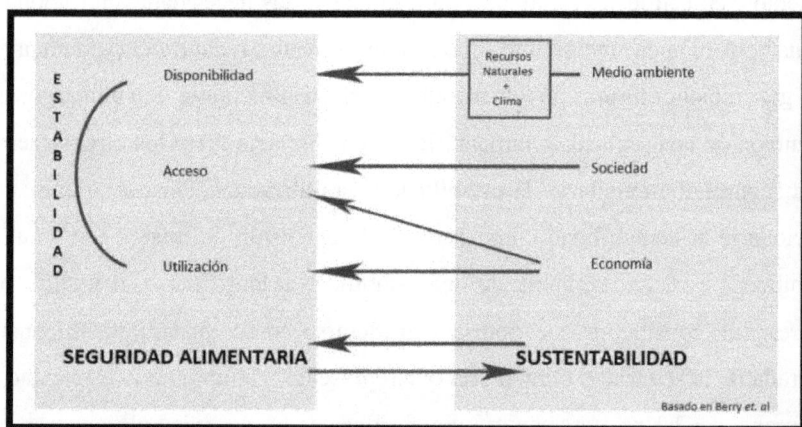

Figura 1-1. Interrelación entre sustentabilidad y seguridad alimentaria

CAPÍTULO 2

SEGURIDAD ALIMENTARIA

Ana Karen Delgado Rocha, José Luis Ibave González, Joel Badillo Lucero, Guillermo Cervantes Delgado, Edgar Yáñez Ortiz

Resumen

La seguridad alimentaria se define como una situación que existe cuando todas las personas, en todo momento, tienen acceso físico, social y económico a alimentos suficientes, inocuos y nutritivos que satisfagan sus necesidades dietéticas y preferencias alimentarias para una vida activa y saludable. Se han identificado cuatro dimensiones de la seguridad alimentaria en consonancia con diferentes niveles.

1) Disponibilidad - Nacional.
2) Accesibilidad - Hogar.
3) Utilización - Individual.
4) Estabilidad: puede considerarse como una dimensión temporal que afecta a todos los niveles.

Las cuatro dimensiones deben estar intactas para una seguridad alimentaria total. Los desarrollos más recientes enfatizan la importancia de la sostenibilidad, que puede considerarse como la dimensión temporal a largo plazo (quinta) de la seguridad alimentaria. La seguridad alimentaria se considera mejor como una vía causal vinculada desde la producción al consumo, pasando por la distribución hasta el procesamiento, reconocida en varios dominios, en lugar de como cuatro "pilares". La seguridad y la inseguridad alimentaria son dinámicas, recíprocas y dependientes del tiempo, y el estado resultante depende de la interacción entre las tensiones de la inseguridad alimentaria y las estrategias para hacerles frente. Los indicadores universales para medir la seguridad alimentaria son un desafío. Se pueden aplicar diferentes indicadores a diferentes niveles de seguridad alimentaria.

La medición de la seguridad alimentaria a nivel del hogar implica cinco categorías de indicadores: diversidad dietética y frecuencia de los alimentos, gasto en alimentos, comportamientos de consumo, indicadores de experiencia y medidas de autoevaluación. La seguridad alimentaria, la nutrición y la sostenibilidad se debaten cada vez más en el mismo contexto. La integración de la seguridad alimentaria como parte explícita de la agenda de sostenibilidad contribuiría en gran medida a lograr ese objetivo. El último camino común de todos estos esfuerzos es hacia la seguridad alimentaria y la nutrición sostenibles para nuestro planeta. Definición de seguridad alimentaria La seguridad alimentaria es un concepto flexible como se refleja en los numerosos intentos de definirlo en la investigación y el uso de políticas. El concepto de seguridad alimentaria se originó hace unos 50 años, en un momento de crisis alimentaria mundial a principios de la década de 1970. Incluso hace dos décadas, había alrededor de 200 definiciones de seguridad alimentaria en escritos publicados (Maxwell y Smith, 1992), que muestran las características dependientes del contexto de la definición.

La definición actual ampliamente aceptada de seguridad alimentaria proviene del informe anual de la Organización de las Naciones Unidas para la Agricultura y la Alimentación (FAO) sobre seguridad alimentaria "El estado de la inseguridad alimentaria en el mundo 2001": La seguridad alimentaria es una situación que existe cuando todas las personas, todo el tiempo, tienen acceso físico, social y económico a alimentos suficientes, inocuos y nutritivos que satisfagan sus necesidades dietéticas y preferencias alimentarias para una vida activa y saludable (FAO, 2002). La última revisión de esta definición tuvo lugar en la Cumbre Mundial sobre Seguridad Alimentaria de 2009, que añadió una cuarta dimensión, la estabilidad, como indicador temporal a corto plazo de la capacidad de los sistemas alimentarios para resistir las crisis, ya sean naturales o provocadas por el hombre (FAO, 2009).

Evolución del concepto de seguridad alimentaria

A principios de la década de 1970, una época de crisis alimentaria mundial, el concepto de seguridad alimentaria se centró inicialmente en garantizar la disponibilidad de alimentos y la estabilidad de los precios de los alimentos básicos, lo que se debió a la extrema volatilidad de los precios de los productos básicos agrícolas y a las turbulencias en los mercados de divisas y energía en ese momento (Berry et al., 2015). La ocurrencia de hambrunas y crisis alimentarias requirió una definición de seguridad alimentaria que reconociera las necesidades críticas y el comportamiento de las personas potencialmente vulnerables y afectadas (Shaw, 2007). El concepto de seguridad alimentaria se definió entonces en la Conferencia Mundial de la Alimentación en 1974 como "la disponibilidad en todo momento de un suministro mundial suficiente de alimentos básicos para sostener una expansión constante del consumo de alimentos y para compensar las fluctuaciones en la producción y los precios" (Naciones Unidas, 1975). Esta definición enfatizaba comprensiblemente la necesidad de aumentar la producción, ya que se creía que la deficiencia proteico-energética en 1970 afectaba a más del 25% de la población mundial. Una mejor percepción de las crisis en la seguridad alimentaria condujo posteriormente a un cambio de énfasis de la disponibilidad de alimentos a un enfoque más amplio. Una comprensión más profunda del funcionamiento de los mercados agrícolas en condiciones de tensión y de cómo las poblaciones en riesgo se vieron incapaces de acceder a los alimentos, llevó a la ampliación de la definición de seguridad alimentaria de la FAO para incluir el acceso de las personas vulnerables a los suministros disponibles. El acceso económico a los alimentos entró en el concepto de seguridad alimentaria (Berry et al., 2015). Luego, una definición revisada de seguridad alimentaria evolucionó para "asegurar que todas las personas en todo momento tengan acceso tanto físico como económico a los alimentos básicos que necesitan" (FAO, 1983). El siguiente desarrollo se produjo en 1986 cuando el Banco Mundial publicó su informe *La Pobreza y el Hambre* (Banco Mundial, 1986). Esto introdujo una escala de tiempo para la seguridad alimentaria al distinguir entre la inseguridad alimentaria crónica, asociada con la pobreza, y la inseguridad alimentaria aguda y transitoria, causada por desastres naturales o provocados por el hombre. Estos se reflejaron en una nueva extensión del concepto de seguridad alimentaria para incluir: "acceso de todas las personas en todo momento a alimentos suficientes para una vida activa y saludable" (Berry et al., 2015). La siguiente evolución del concepto ocurrió en 1994 después del Informe de Desarrollo Humano del Programa de las Naciones Unidas para el Desarrollo (Programa de las Naciones Unidas para el Desarrollo, 1994) considerando los requisitos para la seguridad humana. En ese momento, la seguridad alimentaria, que estaba dentro del marco más amplio de la seguridad social, entró en la discusión de los derechos humanos. Dado que los estudios sobre seguridad alimentaria a menudo son específicos del contexto, dependiendo de cuál de las muchas perspectivas técnicas y cuestiones de política, este constructo operacional multidimensional y multifacético no tenía una definición coherente entonces. En un intento por traer más unidad a tal complejidad, se llevó a cabo una redefinición de la seguridad alimentaria a través de consultas internacionales en preparación de la Cumbre Mundial sobre la Alimentación celebrada en 1996 (Shaw, 2007), lo que refleja la compleja interacción entre individuos, hogares, incluso a nivel mundial. La seguridad alimentaria, en todos los diferentes niveles, se logra "cuando todas las personas, en todo momento, tienen acceso físico y económico a alimentos suficientes, inocuos y nutritivos que satisfagan sus necesidades dietéticas y preferencias alimentarias para una vida activa y saludable" (FAO, 1996). A mediados de la década de 1990, a medida que evolucionó el término "seguridad alimentaria", también surgieron los términos "seguridad nutricional" y "seguridad alimentaria y nutricional". La seguridad alimentaria se considera entonces como un subconjunto de "seguridad alimentaria y nutrición".

El siguiente desarrollo de la definición de seguridad alimentaria se redefinió aún más en "El estado de la inseguridad alimentaria en el mundo 2001" agregando el énfasis social como se cita anteriormente (FAO, 2002). Se reconoció que para abordar la pobreza es necesario, pero no suficiente, por sí solo, para lograr este objetivo (FAO, PMA y FIDA, 2012). Luego, en la Cumbre Mundial sobre Seguridad Alimentaria de 2009, la última revisión oficial, que agregó la cuarta dimensión de estabilidad al concepto de seguridad alimentaria (FAO, 2009). Más recientemente se ha sugerido que la sostenibilidad se agregue como una quinta dimensión para abarcar la dimensión de tiempo a largo plazo (Berry et al., 2015).

Dimensiones de la seguridad alimentaria

Se han identificado cuatro dimensiones de la seguridad alimentaria según la definición (FAO, 2008).

1) Disponibilidad de alimentos producidos localmente e importados del exterior.

2) Accesibilidad. La alimentación puede llegar al consumidor (infraestructura de transporte) y este último tiene suficiente dinero para comprar. A tal accesibilidad física y económica se suma el acceso sociocultural para asegurar que la comida sea culturalmente aceptable y que existan redes de protección social para ayudar a los menos afortunados.

3) Utilización. El individuo debe ser capaz de comer cantidades adecuadas tanto en cantidad como en calidad para poder vivir una vida sana y plena y realizar su potencial. Los alimentos y el agua deben ser seguros y limpios y, por lo tanto, también se requiere agua y saneamiento adecuados a este nivel. Una persona también debe estar físicamente sana para poder digerir y utilizar los alimentos consumidos.

4) Estabilidad, Dominio que se ocupa de la capacidad de la nación/comunidad/persona (hogar) para resistir los impactos en el sistema de la cadena alimentaria, ya sean causados por desastres naturales (clima, terremotos) o provocados por el hombre (guerras, crisis económicas).

Por tanto, se puede ver que la seguridad alimentaria existe en varios niveles. Disponibilidad-Nacional; Accesibilidad-Hogar; Utilización-Individual; Estabilidad: puede considerarse como una dimensión temporal que afecta a todos los niveles. Las cuatro dimensiones deben estar intactas para una seguridad alimentaria total. Los desarrollos más recientes enfatizan la importancia de la sostenibilidad, que puede considerarse como la dimensión temporal a largo plazo de la seguridad alimentaria. La sostenibilidad involucra indicadores a nivel supranacional/regional de ecología, biodiversidad y cambio climático, así como factores socioculturales y económicos (Berry et al., 2015). Estos afectarán la seguridad alimentaria de las generaciones futuras.

Comprensión de la seguridad alimentaria

La seguridad alimentaria se considera mejor como una ruta causal y vinculada desde la producción hasta el consumo, pasando por la distribución y el procesamiento, reconocida en varios dominios, en lugar de como cuatro "pilares" (Berry et al., 2015). En la definición de la Cumbre Mundial sobre Seguridad Alimentaria de 2009, la Cumbre utilizó por primera vez la frase "cuatro pilares de la seguridad alimentaria", que representa las cuatro dimensiones, a saber, disponibilidad, accesibilidad, utilización y estabilidad de la seguridad alimentaria (FAO, 2009). Sin embargo, la visualización de pilares da una representación bastante engañosa del concepto, ya que las cuatro dimensiones están seguramente interrelacionadas y son interdependientes, en lugar de estáticas y separadas. Los pilares no dan ninguna ilustración del vínculo entre las dimensiones de la seguridad alimentaria. La ponderación de las cuatro dimensiones es otro problema al que se enfrenta la visualización de cuatro pilares, que conduce a una impresión de ponderación media del 25% para cada una de las cuatro dimensiones. Sin embargo, no todos los elementos de la seguridad alimentaria tienen la misma importancia, como implica la analogía del pilar. Sus ponderaciones son específicas del contexto y del país (Berry et al., 2015). Por ejemplo, en muchos países en desarrollo, la accesibilidad depende de la infraestructura de transporte que puede limitar el acceso físico a los alimentos; mientras en los países desarrollados, el acceso económico es la principal barrera para la seguridad alimentaria. Un escenario después de un desastre natural, por ejemplo, un terremoto, la disponibilidad, accesibilidad, utilización y estabilidad son todos problemas importantes. En estos diferentes contextos, los pesos de cuatro dimensiones definitivamente no deberían ser iguales. En lugar de pilares, una mejor analogía utilizando un camino para describir las relaciones entre las cuatro dimensiones de la seguridad alimentaria. Este análogo fue utilizado por El estado de la inseguridad alimentaria en el mundo 2013 (FAO, PMA y FIDA, 2013), para mostrar los vínculos entre la producción de alimentos (disponibilidad) y el hogar (accesibilidad) y el individuo (utilización). La accesibilidad contiene medios físicos (transporte, infraestructura) y económicos (poder adquisitivo de alimentos). También involucra el acceso y las preferencias socioculturales y sus efectos en la salud y, con ellos, la importancia de la protección social (HLPE, 2012). Por lo tanto, la estabilidad enfatizó la importancia de aportar una dimensión temporal, aunque a corto plazo, a la seguridad alimentaria. El tema de la estabilidad se aborda en el artículo complementario (Anderson, 2018b). Además de las vías unidireccionales, la seguridad alimentaria también puede considerarse circular, ya que existe un ciclo de retroalimentación desde la utilización hasta la disponibilidad, ya que el capital humano depende del estado nutricional óptimo de la fuerza laboral en la agricultura y en todos los sectores de producción (Berry et al., 2015). En todo el mundo, las pérdidas de alimentos (de la agricultura, postcosecha y distribución) y del desperdicio de alimentos (del procesamiento y consumo en el hogar y la comunidad) pueden representar un tercio de los alimentos disponibles y es un objetivo obvio para mejorar la seguridad alimentaria (HLPE, 2014). Reducir estas cantidades es un desafío importante para asegurar la disponibilidad mundial de alimentos en el futuro. A partir de una visión sistémica, la obesidad también puede considerarse un tipo de desperdicio de alimentos.

Vincular la seguridad alimentaria con la sostenibilidad

La noción de dietas sostenibles vincula la sostenibilidad con la seguridad alimentaria para garantizar sistemas alimentarios holísticos y sostenibles, como puede verse en sus respectivas definiciones. Las dietas sostenibles se definen como aquellas que "protegen y respetan la biodiversidad y los ecosistemas, son culturalmente aceptables, accesibles, económicamente justas y asequibles; nutricionalmente adecuado, seguro y saludable; optimizando al mismo tiempo los recursos naturales y humanos" (FAO, 2012). Mientras que "un sistema alimentario sostenible" es un sistema alimentario que garantiza la Seguridad Alimentaria y Nutricional (SAN) para todos de tal manera que no se comprometan las bases económicas, sociales y ambientales para generar SAN para las generaciones futuras" (HLPE, 2014, 2017). El tema se aborda con cierta extensión en el artículo sobre Conceptos de sostenibilidad alimentaria (Anderson, 2018a).

Se ha acordado internacionalmente que el cambio climático es una amenaza para la sostenibilidad de la seguridad alimentaria. Sin embargo, las actividades involucradas en los sistemas alimentarios representan entre el 20% y el 30% de todas las emisiones de gases de efecto invernadero (GEI) asociadas a los seres humanos y, como tales, contribuyen al cambio climático (Garnett et al., 2016a). Podría haber una relación de compensación entre la disminución de los gases de efecto invernadero asociados con el ser humano y la garantía de la seguridad alimentaria en el sistema alimentario actual. Por lo tanto, se necesita un enfoque sistemático e integrado, para cumplir con los requisitos a corto y largo plazo de la SAN, mientras que mitigar el impacto ambiental negativo debido a los GEI de las actividades involucradas en el propio sistema alimentario. Aunque todavía no está claro cómo se ven realmente los sistemas alimentarios sostenibles, nuestra comprensión está en constante evolución (Garnett et al., 2016b).

Definición de inseguridad alimentaria

La Inseguridad Alimentaria (FINS), por otro lado, ocurrirá cuando haya problemas en cualquier nivel en la vía de producción-consumo de alimentos. La dimensión/nivel de aguas arriba de FINS afecta en gran medida a los de aguas abajo. La definición de FINS es "siempre que la disponibilidad de alimentos inocuos y nutricionalmente adecuados, o la capacidad de adquirir alimentos aceptables en formas socialmente aceptables, sea limitada o incierta" (Panel de expertos, 1990). La inseguridad alimentaria, tal como se mide prácticamente en los Estados Unidos, se experimenta cuando existe

(1) incertidumbre sobre la disponibilidad y el acceso futuros de alimentos,

(2) insuficiencia en la cantidad y tipo de alimentos necesarios para un estilo de vida saludable, o

(3) la necesidad utilizar formas socialmente inaceptables para adquirir alimentos (National Research Council, 2006).

Aparte de la limitación más común: la falta de recursos económicos, la inseguridad alimentaria también se puede experimentar cuando hay alimentos disponibles y accesibles, pero no se pueden utilizar debido a limitaciones físicas o de otro tipo, como el funcionamiento físico limitado de los ancianos o discapacitados (National Research Council, 2006). Sin embargo, con el énfasis en la equidad en salud, se debe prestar atención a las personas que se encuentran en las condiciones más desfavorecidas. Están bajo diversas tensiones naturales y provocadas por el hombre, como inundaciones, sequías, conflictos y guerras. También tienen una demanda urgente de mejores estrategias para hacer frente a la inseguridad alimentaria. Paradójicamente, los grupos de sujetos con mayor inseguridad alimentaria, como los migrantes, las personas desplazadas y las personas sin hogar, no suelen estar incluidos en las encuestas de seguridad alimentaria, por lo que subestiman el problema.

Relaciones entre seguridad e inseguridad alimentaria

La seguridad y la inseguridad alimentaria son dinámicas, recíprocas y dependientes del tiempo, y el estado resultante depende de la interacción entre las tensiones de la inseguridad alimentaria y las estrategias para hacerles frente. Estas tensiones pueden ocurrir en cualquier punto del camino de la seguridad alimentaria: disponibilidad, accesibilidad, utilización y estabilidad. Las respuestas de afrontamiento obtenidas pueden tener lugar a nivel nacional, familiar o individual. Los dos procesos están interrelacionados linealmente con ciclos de retroalimentación reiterativos, de modo que el estrés conduce a respuestas de afrontamiento que pueden o no ser adecuadas, por lo que se requieren modificaciones en las estrategias de afrontamiento hasta que se recupere la seguridad alimentaria (Peng y Berry, 2018).

Medición de la seguridad alimentaria

Los indicadores universales para medir la seguridad alimentaria son un desafío. Deben ser ampliamente aceptadas como correctas y razonablemente objetivas y ser homogéneas en el tiempo y el espacio. Se pueden aplicar diferentes indicadores a diferentes niveles de seguridad alimentaria.

Indicadores de seguridad alimentaria mundial

Los indicadores adecuados para la seguridad alimentaria mundial deben ser fiables, repetibles y estar disponibles para la mayoría de los países del mundo. Sin embargo, no existe un acuerdo aceptado sobre cuáles son las condiciones óptimas para la seguridad alimentaria (Berry et al., 2015). La medición de la seguridad alimentaria a lo largo de los años por la FAO se basó principalmente en la privación de energía y la deficiencia de proteínas. Propuesto originalmente por Sukhatme, la FAO utilizó el indicador paramétrico –prevalencia de la desnutrición– para monitorear la seguridad alimentaria en el mundo. El informe anual "El estado de la inseguridad alimentaria en el mundo" de la FAO se considera como el lanzamiento oficial de la inseguridad alimentaria en todo el mundo. Como concluyó también el Simposio científico internacional sobre medición de la seguridad alimentaria y nutricional, celebrado en enero de 2012 en la FAO, dados los datos existentes, la prevalencia de la subnutrición sigue siendo uno de los pocos indicadores disponibles con amplia cobertura y comparabilidad en el tiempo y el espacio. Al mismo tiempo, se reconoce ampliamente que, como indicador independiente, la prevalencia de la subnutrición no puede captar la complejidad de todas las dimensiones de la seguridad alimentaria y que se requiere un enfoque más integral de la medición (Berry et al., 2015). En los últimos años, la FAO, el Fondo Internacional de Desarrollo Agrícola y el Programa Mundial de Alimentos (FAO, PMA y FIDA, 2012, 2013) han propuesto un conjunto de indicadores de seguridad alimentaria, en los que cada dimensión de la seguridad alimentaria se describe mediante una serie de indicadores. También se están realizando esfuerzos para resumir estos indicadores en índices agregados.

Indicadores para medir la seguridad alimentaria a nivel del hogar. Maxwell et al. resumió varias categorías de indicadores de la seguridad alimentaria de los hogares (Maxwell et al., 2013), que han mostrado su aplicación transcontextual.

Diversidad dietética y frecuencia alimentaria. Esta categoría de indicadores generalmente captura la cantidad de diferentes tipos de alimentos o grupos de alimentos que las personas consumen y la frecuencia con que los consumen. El resultado es una puntuación que muestra la diversidad de dietas. El Puntaje de Consumo de Alimentos (FCS) y el Puntaje de Diversidad Dietética del Hogar (HDDS) son dos indicadores comunes que miden la diversidad dietética (Maxwell et al., 2013; FANTA, 2006; FAO, 2010).

Gasto en alimentación. Las personas que gastan una mayor proporción del gasto en alimentos se han considerado menos seguras en la seguridad alimentaria del hogar (Maxwell et al., 2013; Smith et al., 2006).

Comportamientos de consumo Esta categoría de indicadores mide los comportamientos relacionados con el consumo de alimentos, capturando así la seguridad alimentaria de manera indirecta. El indicador más conocido en esta categoría es el Índice de estrategias de afrontamiento (CSI), con una versión abreviada de "CSI reducido" (CSI) (Maxwell y Caldwell, 2008). Otro indicador bien conocido es la Escala de Hambre en el Hogar, aplicada en conductas más severas (Maxwell et al., 2013).

Indicadores experienciales La Escala de Acceso a la Inseguridad Alimentaria en el Hogar (HFIAS) y un subconjunto culturalmente invariante de HFIAS--Household Hunger Score (HHS) capturan los comportamientos del hogar que significan una calidad y cantidad insuficientes. Algunas organizaciones internacionales, incluidas USAID y FAO, han adoptado y promovido la HFIAS y la HHS (Maxwell et al., 2013). Recientemente, la Escala de experiencias de Voices of Hunger o Inseguridad alimentaria (FIES) se ha utilizado en encuestas mundiales (FAO, 2018).

Medición de autoevaluación Introducidas en los últimos años y utilizadas por la encuesta de Gallup (Headey, 2011), estas medidas son de naturaleza muy subjetiva y quizás demasiado fáciles de manipular en una encuesta. Está ampliamente aceptado que todos estos indicadores representan algunos aspectos de la naturaleza multidimensional de la seguridad alimentaria. Sin embargo, ningún indicador refleja la imagen completa de la seguridad del hogar. Además de categorizar los indicadores, Maxwell también comparó estas medidas y especificó las dimensiones indicadas por cada indicador (Maxwell et al., 2013).

Seguimiento de la seguridad alimentaria

La Cumbre Mundial sobre la Alimentación de 1996 asignó a la FAO la responsabilidad de supervisar el progreso hacia el objetivo del Plan de Acción, reducir a la mitad el número estimado de personas subnutridas para el año 2015. Según los datos publicados por la FAO, la prevalencia general de la subnutrición ha disminuido de 14,8 % en 2000 a 10,7% en 2015 (FAO, 2016), lo que muestra la mejora general de la seguridad alimentaria mundial. Sin embargo, en 2016, se estima que el número de personas con desnutrición crónica en el mundo aumentó a 815 millones, frente a menos de 800 millones en 2015 (FAO, FIDA, UNICEF, PMA y OMS, 2017). Este reciente aumento es una señal de un cambio de tendencia.

La inseguridad alimentaria ha empeorado, en particular, en partes del África subsahariana, Asia sudoriental y Asia occidental, y estos deterioros se han observado sobre todo en conflictos y conflictos combinados con sequías o inundaciones. El cambio climático también puede estar implicado. La limitación del parámetro actual para monitorear la seguridad alimentaria - la prevalencia de la desnutrición - es que refleja solo una de las tres cargas de la desnutrición, a saber, la desnutrición, la deficiencia de micronutrientes y la sobre nutrición. Para demostrar y comparar el estado nutricional general a nivel mundial, regional y nacional, se ha desarrollado el Índice Nutricional Global (INB) (Rosenbloom et al., 2008) y actualizado (Peng y Berry, 2018). Las tendencias generales del INB de 1990 a 2015 mostraron una disminución de la desnutrición y un aumento de la sobre nutrición, que se ha convertido en una de las principales causas de desnutrición en todo el mundo (Peng y Berry, 2018). Esta tendencia plantea nuevos desafíos para lograr la seguridad alimentaria y la nutrición en general. Un sistema alimentario sostenible (HLPE, 2017) puede ser el marco para brindar una posible solución. La seguridad alimentaria, la nutrición y la sostenibilidad se debaten cada vez más en el mismo contexto. La integración de la seguridad alimentaria como parte explícita de la agenda de sostenibilidad contribuiría en gran medida a lograr ese objetivo. El último camino común de todos estos esfuerzos es hacia la seguridad alimentaria y la nutrición sostenibles para nuestro planeta.

CAPÍTULO 3
LA SOBERANÍA ALIMENTARIA COMO ALTERNATIVA

Como se ha plasmado con antelación, es un cuanto obvio que se ha discutido una visión obligada dentro de un contexto de las actuales concepciones neoliberales y de desarrollo de la seguridad alimentaria, centrándose específicamente en la forma en que el concepto es entendido o reforzado por organizaciones multilaterales como las Naciones Unidas, el Banco Mundial, la OMC y el FMI. Así mismo, se demostraron también, la manera en que se concibe la seguridad alimentaria y tiene una influencia en nuestras amplias perspectivas sobre la globalización económica, lo cultural y la pobreza.

En respuesta a decenios de fracasos en materia de políticas, el concepto y el movimiento de soberanía alimentaria que lo acompaña ha surgido como una poderosa voz contraria a las actuales visiones de la reforma agrícola, la agricultura y la globalización. Es por ello, que se tiene que conceptualizar definiendo el concepto de soberanía alimentaria, por lo que se debaten algunos de los componentes centrales del concepto, como la agricultura en pequeña escala, el intercambio de conocimientos de agricultor a agricultor, la agroecología y la función de las semillas, y se examinan temas como la competencia frente a la cooperación y la dependencia alimentaria mutua frente a la extranjera.

El Movimiento Campesino Internacional (MCI), introduce el concepto de soberanía alimentaria. La organización está integrada por "campesinos, pequeños y medianos productores (ejidatarios y pueblos sin tierra), mujeres rurales, pueblos indígenas, jóvenes rurales y trabajadores agrícolas" de todo el mundo, incluidos países de Europa, Asia y América. Se estableció como organización mundial en mayo de 1993 en Mons (Bélgica) y hasta la fecha ha celebrado conferencias en Tlaxcala (México) (1996), Bangalore (India) (2000) y Sao Paolo (Brasil) (2004) y Maputo (Mozambique) (2008). Su objetivo fundacional es "desarrollar la solidaridad y la unidad entre las organizaciones de pequeños agricultores a fin de promover la paridad entre los géneros y la justicia social en relaciones económicas justas" mediante la aplicación de prácticas agrícolas que preserven la tierra, el agua, las semillas y otros recursos naturales" y fomenten prácticas agrícolas sostenibles basadas en los pequeños y medianos productores. Además, la soberanía alimentaria respalda la agricultura sostenible basada en modelos de explotación agrícola familiar o campesina que utilizan recursos locales "en armonía con la cultura y las tradiciones locales". Por último, la soberanía alimentaria procura producir bienes para "el consumo familiar y los mercados internos". Si bien la definición original de soberanía alimentaria ha evolucionado desde la creación oficial del movimiento, los elementos básicos han seguido siendo los mismos. Actualmente, El Movimiento Campesino Internacional ofrece la siguiente definición de soberanía alimentaria: *La soberanía alimentaria es el DERECHO de los pueblos, los países y las uniones estatales a definir su política agrícola y alimentaria sin "dumping" de productos agrícolas en países extranjeros.* La soberanía alimentaria organiza la producción y el consumo de alimentos de acuerdo con las necesidades de las comunidades locales, dando prioridad a la producción para el consumo local.

La soberanía alimentaria incluye el derecho a proteger y regular la producción agrícola y ganadera nacional y a proteger el mercado interno contra el "dumping" de los excedentes agrícolas y las importaciones a bajo precio procedentes de otros países. Las personas sin tierra, los campesinos y los pequeños agricultores deben tener acceso a la tierra, el agua y las semillas, así como a los recursos productivos y a servicios públicos adecuados. La soberanía alimentaria y la sostenibilidad tienen una prioridad, aun mayor, que las políticas comerciales.

La soberanía alimentaria avanza y aumenta muchas de las críticas que se hacen a la economía neoliberal y de desarrollo, a la reforma agrícola y a la seguridad alimentaria. Basándonos en el análisis del último capítulo, podemos ahora yuxtaponer las concepciones actuales de la seguridad alimentaria y una comprensión puramente económica de la globalización con una comprensión más afinada cultural y políticamente de la globalización, el hambre y la pobreza mundiales. Si bien se han identificado problemas asociados con la noción de la globalización basada puramente en el mercado, todavía no se ha explicado claramente cómo sería una noción de la globalización más sensible desde el punto de vista cultural o con más energía política. En lugar de tratar de establecer una definición universal de la cultura, se examina la forma en que la soberanía alimentaria se identifica con determinadas prácticas culturales y luchas políticas que desafían las tendencias actuales de la globalización.

Este método tiene varias ventajas. En primer lugar, la investigación de los medios de vida de los agricultores sin tierra, de subsistencia y en pequeña escala ilumina un contraste particular con los medios de vida de la población de los países industrializados y ricos. Las personas que viven de la agricultura y sus comunidades no son categóricamente diferentes de las personas y comunidades de los países industrializados del Primer Mundo; más bien, encarnan tradiciones y prácticas culturales, entre otras cosas, que se ven cada vez más marginadas por las tendencias actuales de la globalización económica. De hecho, muchas de las mismas prácticas culturales (y los valores, tradiciones, etc. asociados a esas prácticas) -como la agricultura de subsistencia, el desarrollo sostenible, la producción local para la venta local, la protección del medio ambiente, etc.- están respaldadas, aunque marginadas, también en los países industrializados. Aunque el contexto difiere, el proceso de marginación en los países industrializados también puede atribuirse a muchas de las mismas tendencias de monopolización empresarial de la agricultura y a las políticas del Banco Mundial, la OMC y el FMI. En segundo lugar, al examinar el movimiento de soberanía alimentaria, surgen valores culturales más amplios que pueden contrastarse con los valores culturales expresados implícita y explícitamente en los modelos actuales de globalización económica y seguridad alimentaria. Por último, un examen crítico de la soberanía alimentaria revela la compleja y heterogénea composición de las comunidades campesinas, familiares y agrícolas en pequeña escala. La comprensión de la heterogeneidad, la complejidad y la subjetividad de estas comunidades, junto con la diversidad de los valores culturales, las tradiciones y las costumbres que abarcan, nos permite evitar la romantización de estas culturas como una especie de remanente cultural pasado de la vida simple y pura. Además, nos ayuda a evitar concebir estas comunidades como sujetos pasivos del proceso de globalización. Al investigar los valores políticos, culturales y sociales de la soberanía alimentaria logramos dos objetivos. Por un lado, vemos que los modelos actuales de globalización no son aceptados por una gran parte del mundo. Por otra parte, vemos la soberanía alimentaria como un movimiento activo y habilitador que está desafiando de manera significativa, y en algunos casos con éxito, la dirección actual de la globalización económica y cultural. Para empezar a examinar estas cuestiones, pueden hacerse algunas distinciones preliminares entre la soberanía alimentaria y un modelo de seguridad alimentaria basado en las visiones neoliberales y de desarrollo de la globalización. El énfasis primordial de la soberanía alimentaria en la producción local para el consumo local se ve subrayado por una noción de interdependencia. Un enfoque en el desarrollo local y comunitario en el que los intereses de las familias, los amigos y los vecinos son extremadamente diferentes de una visión neoliberal de un mundo globalmente integrado compuesto por individuos racionales, autónomos y con intereses propios. En este sentido, los conceptos puramente económicos de competencia, eficiencia, obtención de beneficios y consumo sin restricciones pueden contrastarse con los conceptos de cooperación, producción eficiente para las comunidades locales, bienestar mutuo y consumo sostenible. desarrollo. Una reflexión crítica sobre estos complejos temas puede comenzar con algunas de las ideas y prácticas específicas avanzadas por los activistas de la soberanía alimentaria. En la siguiente sección se examina el tema de la agricultura mundial en pequeña escala frente a la agricultura mundial en gran escala.

La agricultura local a pequeña escala frente a agricultura mundial a gran escala

Los críticos de la reforma agrícola impulsada por el mercado identifican numerosos problemas con las políticas del Banco Mundial y la OMC para el sector agrícola. Señalan cómo la liberalización del comercio, la privatización, la desregulación, los modelos de importación y exportación y las políticas de libre comercio han dado lugar a la especialización y homogeneización de los sectores agrícolas locales. A estas políticas se suma la consolidación de las explotaciones agrícolas de pequeña escala, familiares y autosuficientes en explotaciones de gran escala que practican el monocultivo, emplean métodos de producción de capital intensivo, producen para la exportación y dañan la biodiversidad. Si bien los modelos neoliberales impulsados por el mercado sugieren que la agricultura en gran escala es apta para proporcionar seguridad alimentaria, los defensores de la soberanía alimentaria sostienen que la agricultura en gran escala no alimentará a las poblaciones de manera adecuada ni generalizará el uso de la tierra. se alimentaba de la prosperidad rural generalizada. La idea de que las pequeñas granjas familiares son "atrasadas, improductivas e ineficientes" y, en última instancia, un obstáculo para el desarrollo económico ha sido cuestionada por muchos activistas de la soberanía alimentaria. En cambio, los activistas de la soberanía alimentaria sostienen que las crecientes pruebas revelan que las pequeñas explotaciones agrícolas tienen múltiples funciones que benefician tanto a la sociedad como a la biósfera. Desafiando la premisa de que las reformas impulsadas por el mercado producen explotaciones más eficientes, los productores en pequeña escala están luchando contra la idea de que deben incorporarse a las explotaciones en gran escala y a los planes de producción para la exportación. Según las teorías de reforma impulsadas por el mercado, los pequeños agricultores y los campesinos pueden experimentar algunos efectos secundarios 39 desafortunados de la industrialización de la agricultura. Por consiguiente, la tarea de las organizaciones multilaterales, las organizaciones no gubernamentales y otras organizaciones de la sociedad civil es hacer que esta transición sea lo más fluida e indolora posible.

Parte de la creencia de que las explotaciones agrícolas en pequeña escala son ineficientes se basa en una comprensión sutil pero significativa de la eficiencia. Peter Rosset muestra cómo un modelo económico que mide la producción total frente al rendimiento genera resultados diferentes con respecto a la eficiencia. Un modelo neoliberal que mide el rendimiento midiendo "la producción por unidad de superficie de un solo cultivo" no aborda la forma en que el monocultivo deja un espacio de tierra vacío (espacio de nicho) que los pequeños agricultores utilizan para otros cultivos. Es más probable que los agricultores de los países subdesarrollados utilicen métodos de cultivo intercalado en los que los espacios vacíos se utilizan para plantar otros cultivos. En los modelos mecanizados en gran escala, se necesitan espacios vacíos para que las máquinas cosechen grandes extensiones de tierra, mientras que, en las explotaciones agrícolas en pequeña escala, atendidas individualmente, esos espacios pueden ser utilizados. Así pues, la medición de la eficiencia en términos de rendimiento de un solo cultivo puede resultar más elevada para las explotaciones en gran escala, pero si la medición se hace en términos de producción total, es decir, la producción de todos los cultivos en una parcela designada -incluidos diversos cereales, frutas, hortalizas, forraje, productos animales, etc.- en la agricultura en pequeña escala es más eficiente. Si se mide en estos términos, las pequeñas explotaciones agrícolas hacen en realidad un uso más eficiente de la tierra que las grandes explotaciones. Si bien es importante señalar que las explotaciones agrícolas en pequeña escala hacen un uso eficiente de la tierra, el debate sobre la eficiencia puede desviar la atención de las formas en que la agricultura contribuye a otros aspectos de los medios de vida de los agricultores. Aunque la agricultura en pequeña escala tiene importancia económica para los agricultores, la cuestión sigue siendo cómo una concepción puramente económica de la productividad y la eficiencia sirve para reducir los productos agrícolas a productos básicos abstractos y económicos. Al centrarse en la forma en que la agricultura sirve a otros propósitos como "la mejora general de la vida rural -incluida una mejor vivienda, educación, servicios de salud, transporte, diversificación de los negocios locales y más oportunidades recreativas y culturales", empezamos a ver la importancia cultural de la vida agraria. Los activistas en pro de la soberanía alimentaria reconocen los beneficios totales de la agricultura en pequeña escala centrándose no sólo en los beneficios económicos, sino también en la forma en que la agricultura en pequeña escala promueve la biodiversidad, conecta a los agricultores y las familias con la tierra y proporciona un vínculo íntimo entre los agricultores y los cultivos y alimentos que producen y consumen.

Agroecología. La agroecología es un concepto y una práctica de desarrollo que se centra en la agricultura de pequeña escala, familiar y campesina. Si bien los agricultores se han dedicado a los métodos agroecológicos durante milenios, el concepto y la práctica de la agroecología han cobrado un interés renovado en respuesta a las políticas fallidas de la Revolución Verde y la reforma agrícola neoliberal. La agroecología se basa en los conocimientos agrícolas locales y tradicionales, en un desarrollo sostenible ambientalmente inocuo y culturalmente significativo, en insumos orgánicos en lugar de insumos intensivos en capital y productos químicos, y en la biodiversidad. Como ciencia, la agroecología se esfuerza por lograr una comprensión profunda de los ecosistemas, por ejemplo, de la forma en que la vida vegetal y animal interactúa con la producción humana de alimentos y recursos. En otras palabras, la agroecología es el estudio holístico de los agroecosistemas, incluidos todos los elementos ambientales y humanos. Se centra en la forma, la dinámica y las funciones de sus interrelaciones y los procesos en los que intervienen. En la investigación agroecológica está implícita la idea de que, al comprender estas relaciones y procesos ecológicos, los agroecosistemas pueden manipularse para mejorar la producción y producir de forma más sostenible, con menos repercusiones ambientales o sociales negativas y pocos insumos externos. La agroecología es una práctica importante dado que una gran parte de los pobres del mundo (370 millones) viven en zonas de escasos recursos y situadas en regiones remotas o entornos naturales propensos a riesgos. Para compensar estos obstáculos, la agroecología se basa en los conocimientos locales sobre la tierra y la agricultura. Mediante diferentes técnicas de cultivo - dependiendo de las diferencias regionales de geografía, clima, disponibilidad de agua, etc.- los agricultores pueden utilizar creativamente su entorno natural para aumentar la biodiversidad, generar rendimientos de cultivos durante todo el año y evitar los insumos químicos perjudiciales y costosos. Además, las técnicas agroecológicas ayudan a regenerar la tierra, lo que permite su conservación para las generaciones futuras. La agroecología trata de utilizar el medio ambiente natural como medio para optimizar la capacidad y la producción agrícola. Las tecnologías agroecológicas suelen emplear los siguientes procesos: reciclar la biomasa y equilibrar el flujo y la disponibilidad de nutrientes; asegurar condiciones de suelo favorables para el crecimiento de las plantas mediante el aumento de la materia orgánica y la actividad biótica del suelo; reducir al mínimo las pérdidas de radiación solar, aire, agua y nutrientes mediante la ordenación de los microclimas, la captación de agua y la cubierta del suelo; mejorar la diversificación de las especies y la genética del agroecosistema en el tiempo y el espacio; y potenciar las interacciones y sinergias biológicas beneficiosas entre los componentes de la agrobiodiversidad, lo que da lugar a la promoción de procesos y servicios ecológicos fundamentales.

Los aspectos técnicos de las ciencias agroecológicas quedan fuera del ámbito de este proyecto, pero lo que es importante señalar es la manera en que la agroecología difiere de las perspectivas neoliberales y de desarrollo de la agricultura. En lugar de centrarse simplemente en los métodos agrícolas de alto rendimiento, que a menudo se basan en técnicas de monocultivo, la agroecología utiliza los recursos de que disponen los agricultores locales. Las investigaciones no sólo han revelado que los métodos agroecológicos son más productivos que los sistemas de altos insumos en cuanto a la producción por unidad de superficie, sino que también han demostrado que son más diversos desde el punto de vista biológico y más respetuosos del medio ambiente. Además, la agroecología proporciona a los agricultores y a las familias la mano de obra y el sustento adecuados para medios de vida culturalmente importantes. En muchos sentidos la soberanía alimentaria encarna los principios de la agroecología en la medida en que hace hincapié en el potencial local y en pequeña escala de la agricultura.

La agroecología utiliza recursos naturales apropiados para la región, como la tierra, el agua, la vegetación y la vida animal, que permiten a los agricultores desarrollar su potencial agrícola local. El llamamiento en pro de la soberanía alimentaria para organizar "la producción y el consumo de alimentos de acuerdo con las necesidades de las comunidades locales" dando prioridad a la producción para el consumo local resuena bien con la agroecología.

Semillas. Junto con la agricultura en pequeña escala y la agroecología, la soberanía alimentaria se ha unido a las cuestiones relacionadas con las semillas. Las semillas son los elementos básicos de la agricultura y han sido compartidas, adaptadas naturalmente y almacenadas para su uso futuro por los agricultores durante milenios. Como señala Vandana Shiva, "Las semillas son un regalo de la naturaleza, de las generaciones pasadas y de las diversas culturas", el "primer eslabón de la cadena alimentaria y el depósito de la evolución futura de la vida". Aunque no está directamente relacionado con las políticas macroeconómicas de los organismos multilaterales, la cuestión de las semillas es particularmente importante para la soberanía alimentaria porque la industria de las semillas representa una de las esferas de más rápido crecimiento en las que la monopolización empresarial está destruyendo la vida de millones de agricultores. Dado que las tres principales empresas de semillas (Monsanto, Dupont y Syngenta) representan el 47% del mercado mundial de semillas patentadas y las 10 principales empresas de semillas representan el 67% del mercado mundial de semillas patentadas, la adquisición empresarial de la industria de las semillas es uno de los mayores contribuyentes a la pérdida de la biodiversidad de las semillas. La FAO estima que los recursos genéticos de los cultivos están disminuyendo actualmente a un ritmo del 1% al 2% anual, lo que se debe en gran medida a la aceleración de la agricultura intensiva y a la sustitución de la diversidad genética por menos cultivos de alto rendimiento, tendencias todas ellas facilitadas por las actuales políticas neoliberales y de desarrollo para la seguridad alimentaria. Por ejemplo, mientras que en la India se cultivaban antes más de 30,000 variedades diferentes de arroz, en la actualidad sólo existen entre 30 y 50 variedades.

En China, el cultivo de 10,000 variedades diferentes de trigo se ha reducido a 1,000, y en Filipinas, donde antes se cultivaban más de 6,000 variedades de arroz, las variedades de la Revolución Verde "ocupan el 98% de toda la superficie de cultivo de arroz". El intercambio o trueque de semillas es también una actividad vital de los campesinos y pequeños agricultores. En un esfuerzo por resistir a ciertas tendencias de la globalización, como la monopolización empresarial, el patentamiento de semillas y la reforma agrícola que usurpa tierras y territorios, la soberanía alimentaria lucha por salvaguardar las semillas de los agricultores. La soberanía alimentaria y las semillas van de la mano en la lucha por los derechos sobre la tierra y el territorio, y la capacidad de los trabajadores agrícolas de "producir, preservar y proporcionar alimentos" para su propio pueblo debería constituir un derecho soberano del pueblo. Al destruir la producción agrícola local mediante políticas empresariales o gubernamentales, las comunidades locales se ven cada vez más obligadas a comprar granos importados, alimentos procesados y comida chatarra, todas ellas alternativas poco saludables a los alimentos tradicionales cultivados localmente.

Como el aspecto de la soberanía alimentaria, el derecho a alimentos sanos, nutritivos y cultivados localmente se basa en valores de autodeterminación, dignidad, libertad, justicia e igualdad. En otras palabras, "En una estructura capitalista neoliberal, un pueblo que no produce sus propios alimentos (o una gran parte de ellos), es un pueblo que puede ser fácilmente subyugado por la presión, la extorsión o la dominación impuesta por el imperio transnacional y terminará perdiendo su soberanía". El sistema actual está destruyendo la biodiversidad, incluyendo semillas naturales, flores, plantas, animales, peces, aguas, ríos, mares, minerales y tierras, así como la diversidad cultural, incluyendo los conocimientos tradicionales, rituales, canciones, poesía, tradiciones, hábitos alimenticios, vestimenta, danza, ocupaciones y artesanías. Por ejemplo, "La alimentación mejora nuestra capacidad de crear y despierta nuestros sentidos por su color, sabor y olor. También está en el centro de nuestras festividades y ceremonias, fomenta el diálogo y a veces sirve como ofrenda de agradecimiento en los funerales".

La adquisición de la industria de las semillas por parte de las empresas no sólo intensifica la pérdida de biodiversidad, sino que a nivel simbólico marca una falta general de cuidado de la diversidad cultural. Como aspecto simbólico de la soberanía alimentaria, la diversidad de las semillas representa la diversidad de los agricultores del mundo, agricultores que cultivan diferentes cultivos según la tradición, la identidad comunitaria y las preferencias de sabor. La cuestión de las semillas también es crítica para las trabajadoras agrícolas y activistas, ya que representan una voz doblemente marginada en las relaciones alimentarias internacionales. Tradicionalmente, estas mujeres no sólo se han enfrentado a la marginación en sus propias comunidades por las estructuras familiares patriarcales o la condición comunal, sino que ahora se enfrentan a las dificultades adicionales causadas por la globalización neoliberal. En muchas comunidades agrarias, las mujeres tienen la responsabilidad exclusiva de criar a los hijos, cuidar del hogar y preparar las comidas junto con las rutinas diarias de ayuda en la granja. Se estima que las mujeres rurales son "responsables de la mitad de la producción alimentaria mundial y siguen siendo las principales productoras de los cultivos básicos del mundo (arroz, trigo y maíz), que proporcionan más del 90 por ciento de los alimentos de los pobres rurales". Independientemente de la disponibilidad de ingresos y alimentos, las mujeres son responsables de la seguridad alimentaria de la familia. Con respecto a las semillas, a menudo corresponde a las mujeres seleccionar, recolectar, preservar y plantar las semillas, y, como tal, cualquier pérdida de diversidad de semillas tiene ramificaciones desastrosas para su capacidad de llevar a cabo las responsabilidades familiares y agrícolas. En esta medida, la semilla representa otro elemento del patrimonio histórico y las tradiciones de las comunidades agrícolas. Como sostienen las mujeres activistas en materia de soberanía alimentaria, la semilla representa el fundamento de la soberanía alimentaria en la medida en que es inseparable de otras necesidades básicas como la alimentación, la vivienda y el vestido.

El estudio monográfico sobre el movimiento zapatista en el sur de México, si bien no está inicialmente afiliado al movimiento de soberanía alimentaria, representa otro ejemplo de activismo social dedicado a cuestiones agrícolas. A nivel general, el movimiento zapatista lucha por los mismos tipos de derechos económicos, políticos y culturales que el movimiento de soberanía alimentaria. En un nivel específico, el movimiento representa un foro para que las mujeres expresen sus luchas por la igualdad, la justicia y la solidaridad. Tanto el movimiento zapatista como el de soberanía alimentaria representan una nueva situación de los derechos de la mujer. Si bien ambos movimientos están todavía muy lejos de alcanzar el pleno alcance de la igualdad de género, demuestran cómo el desafío de los actuales modelos neoliberales de globalización por la soberanía alimentaria está abriendo nuevos foros para expresar las injusticias históricas y la marginación.

La insurrección Zapatista en Chiapas. El levantamiento zapatista en el sur de México el 1 de enero de 1994, captó la atención mundial de un amplio espectro de personas, incluidos movimientos sociales indígenas similares, los medios de comunicación, los movimientos agrícolas y los gobiernos del Norte. Si bien las raíces de la marginación social y política que el levantamiento de 1994 se basó en muchos de los temas expresados por el movimiento de soberanía alimentaria. El levantamiento vino después de la implementación del TLCAN, patrocinada por Estados Unidos y México, en 1994. Mientras que la fecha específica para iniciar el conflicto fue menos una demostración simbólica contra el acuerdo comercial y más un movimiento estratégico que requería maniobras tácticas y adaptación de estrategias una vez que las primeras luchas llamaron la atención del gobierno mexicano, el simbolismo ganó fuerza una vez que el levantamiento obtuvo el apoyo de otros movimientos de justicia social en todo el mundo. Originalmente, el levantamiento fue una respuesta a los años de marginación de las potencias coloniales, a las políticas económicas neoliberales y a la opresión del gobierno mexicano. Armados con una letanía de armas reales y simbólicas, desde palos, pistolas de madera tallada a mano, machetes y pequeñas municiones, los zapatistas tomaron el control de muchos pueblos de la provincia de Chiapas en el sur de México. Los zapatistas se pusieron pasamontañas negros y pañuelos de colores que representaban a varios héroes históricos mexicanos, como Emiliano Zapata y Pancho Villa, y que han llegado a ser reconocidos internacionalmente como vestimenta simbólica.

El enigmático y carismático portavoz de la lucha, el Subcomandante Marcos, anunció la inspiración inicial del levantamiento: ¡Hoy decimos basta! Al pueblo de México: Hermanos y hermanas mexicanos: Somos producto de 500 años de lucha, primero contra la esclavitud, luego durante la Guerra de Independencia contra España liderada por los insurgentes, luego para promulgar nuestra constitución y expulsar al imperio francés de nuestro suelo, y más tarde cuando la dictadura de Porfirio Díaz nos negó la justa aplicación de las leyes de Reforma... *Se nos ha negado la educación más elemental para que otros puedan utilizarnos como carne de cañón y saquear las riquezas de nuestro país. No les importa que no tengamos nada, absolutamente nada, ni siquiera un techo sobre nuestras cabezas, ni tierra, ni trabajo, ni atención médica, ni comida, ni educación. Ni podemos elegir libre y democráticamente a nuestros representantes políticos, ni hay independencia de los extranjeros, ni hay paz, ni justicia para nosotros y nuestros hijos.* Aunque esta declaración fue publicada inmediatamente después del levantamiento inicial, la demanda de los zapatistas por tierra, vivienda, educación y atención médica han seguido siendo los temas centrales en torno a los cuales se reúnen. Actualmente, los zapatistas han publicado seis Declaraciones de la Selva Lacandona (la región donde se encuentran), todas las cuales abordan estas necesidades humanitarias básicas. No sólo los comunicados de prensa zapatistas, o comunicados, exponen sus quejas, sino que también hacen un llamamiento a otros grupos indígenas y de justicia social para que se unan en solidaridad con causas similares.

Como señala la Sexta Declaración del Ejército Zapatista de Liberación Nacional (EZLN): Lo que queremos en el mundo es decirles a todos los que están resistiendo y luchando a su manera y en sus países, que no están solos, que nosotros, los zapatistas, aunque somos muy pequeños, los estamos apoyando, y vamos a ver cómo ayudarlos en sus luchas y hablarles para aprender, porque lo que hemos aprendido, de hecho, es a aprender... *Y queremos decir a los pueblos de América Latina que estamos orgullosos de ser parte de ustedes... Y queremos decirle al pueblo de Cuba, que ya lleva muchos años en su camino de resistencia, que ustedes no están solos, y que no estamos de acuerdo con el bloqueo que están imponiendo, y vamos a ver cómo enviarles algo, aunque sea maíz, para su resistencia. Y queremos decirle al pueblo norteamericano que sabemos que los malos gobiernos que ustedes tienen y que propagan el daño por todo el mundo es una cosa, y que los norteamericanos que luchan en su país, y que son solidarios con las luchas de otros países, son una cosa muy diferente. Y queremos decirles a los hermanos mapuches de Chile que estamos observando y aprendiendo de sus luchas. Y a los venezolanos, vemos lo bien que están defendiendo su soberanía, el derecho de su nación a decidir hacia dónde va. Y a los hermanos indígenas de Ecuador y Bolivia les decimos que están dando una buena lección de historia a toda América Latina, porque ahora sí están frenando la globalización neoliberal.* La Sexta Declaración resume muchas de las luchas económicas y políticas que los zapatistas libran contra el desarrollo económico neoliberal. Es un mensaje unificador, que no pretende una revuelta violenta, sino más bien una resistencia vigilante a las políticas económicas perjudiciales de los gobiernos y las multinacionales, a las prácticas corruptas de las empresas nacionales y transnacionales y a la imposición de normas y valores culturales extranjeros. En este sentido, y de forma similar al llamamiento del movimiento de soberanía alimentaria a una reforma agrícola igualitaria, los zapatistas representan la difícil situación de muchos campesinos y agricultores de subsistencia en el sur de México. La gran cantidad de tierra de esta región se utiliza para fines agrícolas, siendo los dos principales cultivos el maíz y el café. Con respecto a la producción de café, los programas de ajuste estructural de principios de la década de 1980 tuvieron efectos especialmente perjudiciales en la región de Chiapas, cuando los precios del café disminuyeron como resultado de la falta de implementación por parte del gobierno mexicano de mecanismos de apoyo (cuotas de producción) para los productores de café. La mayoría de los productores de esta región son pequeños productores (dos hectáreas o menos), y en promedio durante el período 1989-1993 la producción total cayó en un 35 por ciento y los pequeños productores sufrieron una caída del 70 por ciento en sus ingresos como resultado de la mala gestión macroeconómica del gobierno mexicano. Esto dio lugar a que miles de pequeños productores abandonaran la producción.

En la industria del maíz se produjeron experiencias similares. La reforma macroeconómica redujo los subsidios al sector agrícola, y con las políticas de modernización patrocinadas por la Revolución Verde, los agricultores se enfrentaron a un aumento de los costos de los insumos, así como a una disminución del acceso al crédito. Como resultado de ello, el porcentaje de agricultores que operaban con pérdidas aumentó al 65% en 1988. Si bien algunos pequeños productores pudieron capear estas condiciones económicas cambiantes -porque pudieron alquilar tierras agrícolas a los trabajadores agrícolas y recibir algunos paquetes de crédito del gobierno mexicano-, los agricultores de subsistencia no pudieron mantener la producción. El deterioro de las condiciones económicas también resultó ser destructivo para el medio ambiente, ya que los agricultores se vieron obligados a acelerar la tala de las delicadas selvas tropicales para producir para la supervivencia. Una vez más, estas políticas macroeconómicas fueron resultado directo de las reformas de ajuste estructural patrocinadas por el Banco Mundial que condicionaron los préstamos a una reforma radical del sector agrícola, incluida la reducción de los apoyos a los precios y otros subsidios a los insumos, lo que habría disminuido el impacto perjudicial sobre los productores en pequeña escala y de subsistencia. La culminación de la reforma agrícola con la aplicación del TLCAN sirvió para subordinar a estos agricultores a los imperativos del libre comercio. En estas condiciones, los zapatistas obtuvieron el apoyo de los agricultores locales, indígenas y campesinos que pedían que el gobierno mexicano reconociera la difícil situación de los pobres de las zonas rurales, los pueblos indígenas y los trabajadores agrícolas. En esencia, los zapatistas representaban un movimiento democrático local que luchaba contra la imposición de acuerdos comerciales perjudiciales, políticas multilaterales de desregulación y privatización y la apertura del sector agrícola al libre comercio. En respuesta al levantamiento zapatista y a sus consiguientes quejas, el gobierno mexicano organizó los Acuerdos de San Andrés en 1996 para debatir los derechos indígenas y culturales.

Inicialmente, el gobierno mexicano se comprometió a reconocer los derechos colectivos y la autonomía de los grupos indígenas y acordó forjar nuevos derechos constitucionales por los que los grupos indígenas estuvieran representados, por una parte, en el gobierno nacional y, por otra, en el otros, a los que se les permite gobernar sus propias regiones. A pesar de las promesas progresistas de los Acuerdos de San Andrés, el gobierno mexicano finalmente rechazó estas reformas, haciendo que los zapatistas tomaran el asunto en sus propias manos. Para 2003, tras perder la esperanza de que los Acuerdos se materializaran, los zapatistas se esforzaron por crear sus propios municipios autónomos en los que el gobierno regional estaría dirigido por la población de las jurisdicciones. El EZLN se refiere a estos municipios autónomos como las "Juntas de Buen Gobierno", en oposición a la "mala" gobernanza (es decir, el gobierno mexicano). Estas juntas sirven para mediar en los asuntos entre los municipios, así como para fomentar proyectos agroecológicos de desarrollo agrícola sostenible. Además de las demandas políticas, los activistas del movimiento zapatista y de El Movimiento Campesino Internacional reiteraron su solidaridad en la lucha por los derechos de la mujer, la justicia y la igualdad. Las mujeres zapatistas reafirmaron su derecho a participar en la toma de decisiones revolucionarias y comunitarias sin importar su "raza, credo, color de piel o participación política". Exigieron el derecho a trabajar y a recibir una compensación justa por su trabajo. Exigieron el derecho a tener una oficina política si eran elegidas libre y democráticamente. Además, reafirmaron su derecho a que se les satisfagan las necesidades básicas como el acceso a la atención médica primaria, la educación y a ser tratados como seres dignos en los que viven libres de abusos físicos y mentales. Si bien muchas de estas demandas básicas parecen obvias y de segunda naturaleza, no se han concedido a millones de mujeres marginadas y oprimidas. Como foros cada vez más visibles para expresar las demandas de justicia social, el movimiento zapatista y de soberanía alimentaria representan un medio estratégico y potencialmente poderoso para que las mujeres articulen sus reivindicaciones. Estas mujeres no sólo conectan los conceptos de soberanía alimentaria con la supervivencia de sus familias y comunidades, sino que también negocian cuestiones de derechos de género a nivel local dentro de sus comunidades específicas.

El derecho a la alimentación y la lucha por el reconocimiento mundial de este derecho no se logrará sin el apoyo y el activismo de las mujeres rurales, campesinas e indígenas.

Cooperación versus competencia. Uno de los temas complejos de los modelos neoliberales y de desarrollo de la seguridad alimentaria en particular, y de la globalización en general, es la cooperación. En las organizaciones de las Naciones Unidas como el FIDA y la FAO, cada vez hay más retórica sobre la necesidad de coordinar las estrategias de política con los investigadores sobre el terreno y las comunidades locales. Desde una perspectiva de desarrollo, el FIDA, por ejemplo, reconoce la necesidad de cooperar con las comunidades locales en la elaboración de políticas que mejoren la gestión de los recursos naturales, utilicen nuevas tecnologías y mejoren la capacidad de los productores agrícolas para competir en mercados agrícolas competitivos. Sin embargo, las pruebas demuestran que la coordinación de las políticas necesita en última instancia la aportación de los trabajadores sobre el terreno del FIDA para determinar qué tipo de programas se necesitan o para impartir conocimientos sobre las tendencias actuales de la economía mundial. Además, los trabajadores sobre el terreno coordinan la forma en que las nuevas tecnologías funcionarán de manera eficiente y productiva, así como la forma en que los recursos naturales deben ser apropiados para el desarrollo sostenible.

Como proceso de cooperación, la coordinación de políticas que incluye la aportación tanto del FIDA como de las comunidades con las que trabaja, por ejemplo, se reduce en última instancia a la integración de esas comunidades en un nivel macro más amplio o en los mercados internacionales. Esto se demuestra, por ejemplo, en la práctica de la micro financiación, en la que los proyectos sobre el terreno tratan de crear infraestructuras económicas que permitan a las personas entablar relaciones económicas basadas en la competencia, la eficiencia y la obtención de beneficios para ofrecer a los pobres de las zonas rurales el potencial de asegurar un mejor nivel de vida. Sin embargo, como se ha aclarado en el último capítulo, la micro financiación es problemática en varios niveles, siendo el más importante el hecho de que funciona sólo en determinados contextos y con fines específicos. En última instancia, lo que es fundamental para los activistas de la soberanía alimentaria es la forma en que este tipo de modelos y programas promueven una forma de cooperación que es totalmente ajena a muchas de las comunidades agrícolas de la soberanía alimentaria. Los mismos desafíos se plantean a las organizaciones multilaterales de la OMC, el Banco Mundial y el FMI, aunque a un nivel más crítico. Mientras que los modelos de desarrollo promovidos por las Naciones Unidas están haciendo un intento ostensible de incorporar la participación comunitaria, la soberanía alimentaria sostiene que, históricamente, las organizaciones multilaterales han aplicado políticas basadas patentemente en el nivel macro y en el crecimiento económico y el desarrollo internacional. Para estas instituciones multilaterales, la competencia, la eficiencia y la obtención de beneficios son incentivos que deberían incluir no sólo a los miembros de las comunidades locales sino también a las empresas nacionales y a las ETN. En esta medida, el crecimiento económico y el desarrollo no deberían delimitarse a la forma en que las políticas económicas mejoran las condiciones de pobreza, sino que también deberían incluir la forma en que prospera el mercado en general. Concretamente, si bien la reducción de la pobreza puede ser un objetivo, es sólo un objetivo entre muchos otros que sirven para generar riqueza, reforzar la industria y modernizar las comunidades rurales. Basar las políticas en estos fundamentos teóricos plantea la cuestión de cómo la competencia puede enfrentar a los miembros de la comunidad entre sí y astillar las relaciones. Del mismo modo, como vimos en el último capítulo, la noción de eficiencia debe sopesarse con los inconvenientes de los monocultivos y la destrucción de la biodiversidad. Y, por último, la obtención de beneficios desvía la atención de la sostenibilidad hacia la producción y el consumo sin restricciones. Una reflexión crítica sobre los temas de la eficiencia, la competencia y la obtención de beneficios debe abordar formas alternativas de entender estos conceptos, a saber, formas de utilizarlos que no sean destructivas para las relaciones comunitarias.

La soberanía alimentaria demuestra implícita y explícitamente cómo estos conceptos funcionan de manera diferente en determinados entornos agrarios. Por ejemplo, si bien la cooperación suele ser importante para la supervivencia de la familia y la comunidad, también ilustra una profunda comprensión de la interdependencia humana. Como se ilustra en el concepto de agroecología, por ejemplo, la cooperación no sólo es una forma de compartir técnicas agrícolas exitosas, sino que también está entrelazada con las reuniones comunitarias, el intercambio de alimentos y el establecimiento de solidaridad a través de nuevas amistades. La noción de competencia es un poco más difícil de analizar. Sería atroz sugerir que todos los agricultores en pequeña escala, campesinos y familias desestimen la competencia en favor de una forma de cooperación que deje a las familias y comunidades con bajos ingresos, un bajo nivel de vida y ninguna posibilidad de mejorar sus condiciones socioeconómicas. Sin embargo, la diferenciación entre una lógica corporativa de maximización de beneficios y un tipo de competencia más benigna merece una mayor exploración. Por ejemplo, los activistas en pro de la soberanía alimentaria ponen en tela de juicio la industrialización de la agricultura propagada cada vez más por una lógica agroindustrial que se centra intensamente en la consolidación de la tierra, el empleo y la riqueza.

La fuerza creciente de las agro empresas como Monsanto está creando un nuevo panorama empresarial en el que la lógica de la cooperación mutua y comunitaria es sustituida por una lógica empresarial que funciona de acuerdo con sus propias normas y principios internos. Como señala Jerry Mander, "La corporación... opera mediante un sistema de leyes y reglas estructurales inherentes que la dejan totalmente fuera de las normas de la 'moral' humana, de las preocupaciones por la comunidad o por los daños que puede causar la actividad industrial... La corporación opera por una lógica interna que contiene ciertas pautas: el crecimiento económico, el beneficio, la ausencia de ética y moral, y la necesidad interminable de convertir el mundo natural en procesos industriales y productos comerciales".

A pesar de que algunas corporaciones incluyen normas éticas para las operaciones comerciales, esta necesidad interminable de industrializarse ilustra cómo una lógica corporativa guiada por el beneficio y la conversión del mundo natural en productos comerciales es en muchos aspectos diametralmente opuesta a una lógica comunitaria de interdependencia y cooperación mutuas. Los críticos de la lógica empresarial de la competencia tienen razón al identificar la forma en que las empresas funcionan según normas que pueden no aplicarse a otras formas de relaciones humanas. Para tomar el ejemplo de la producción y el consumo de alimentos, la corporación puede contrastarse con la unidad familiar. Desde el punto de vista de los agronegocios, la producción de alimentos implica la aplicación de los medios más eficientes, de alto rendimiento y rentables para introducir un producto en el mercado. El hecho de que el consumidor decida comprar el producto es simplemente una cuestión de oferta y demanda económica. Aunque las empresas se esfuerzan por suministrar productos alimenticios deseables, el consumo está en última instancia divorciado del proceso de producción. Ya sea debido a los modelos de importación/exportación que entregan bienes a miles de kilómetros de distancia de los consumidores, o a las estrategias empresariales que sólo proporcionan una cierta variedad de alimentos, los consumidores son cada vez más ajenos a las elecciones de compra que hacen, así como a la forma en que esas elecciones afectan a los agricultores. Alternativamente, podríamos analizar el ciclo de producción-consumo de los alimentos en el hogar. Dejando de lado por el momento el ejemplo de la agricultura de subsistencia, en la que todo el ciclo de producción-consumo está contenido dentro de la unidad familiar, veamos una comida doméstica tradicional. Aunque los alimentos comprados pueden enviarse a grandes distancias, una vez que los ingredientes entran en un hogar y están listos para su preparación, comienza un nuevo proceso de producción-consumo a nivel microeconómico.

Las familias comparten las tareas de producción como poner la mesa, preparar carnes y verduras, etc. Además, este tiempo puede servir como una reunión comunal durante la cual los miembros de la familia se vinculan entre sí, cuentan historias, ríen y recuerdan. Hasta cierto punto, este es un proceso de formación de la cultura, ya que estas reuniones funcionan para dar forma y remodelar la forma en que nos identificamos como hermanos, padres, suegros, miembros de la comunidad, y así sucesivamente. Obviamente, este es un ejemplo un tanto simplista, pero vale la pena señalar el marcado contraste entre este tipo de ciclo de consumo de producción y el del modelo corporativo. Si ampliamos este ejemplo para incluir la granja campesina o familiar, el ciclo de producción-consumo es aún más íntimo. No sólo se preparan y consumen alimentos juntos, sino que toda la familia participa en la plantación física, el cultivo y la cosecha de los alimentos necesarios para las comidas. Dado que el 70 por ciento del mundo todavía vive en tales entornos agrícolas, esta comparación es aún más relevante.

Una reflexión sobre la diferencia entre la cooperación y la competencia permite comprender cómo la soberanía alimentaria hace avanzar una perspectiva radicalmente diferente de la cooperación. En última instancia, la cooperación no debería concebirse entre gobiernos, organizaciones multilaterales y empresas transnacionales, ni entre los trabajadores de las Naciones Unidas sobre el terreno y las comunidades locales, sino más bien entre la familia local y los miembros de la comunidad. Por ejemplo, el espíritu del movimiento campesino no es ilustrativo de la forma en que la soberanía alimentaria concibe la cooperación mutua a nivel comunitario. Desde una perspectiva externa, muchos de sus métodos pueden parecer poco ortodoxos dadas las diferentes ideas de eficiencia, intercambio de conocimientos y trabajo cooperativo; sin embargo, el movimiento campesino demuestra alternativas a la idea de cooperación prevista por las organizaciones multilaterales que hemos examinado hasta ahora. Un análisis del movimiento proporciona un ejemplo de cómo los organizadores de base coordinan proyectos agrícolas con una ayuda mínima de organizaciones externas.

El movimiento campesino a campesino: mutuo frente a la dependencia alimentaria del extranjero El Movimiento Campesino a Campesino (MCAC) encarna casi todos los temas promovidos por la soberanía alimentaria. El movimiento surgió de los movimientos de reforma agraria en América Central en la década de 1960 y representa un modelo de vida agraria que desafía los modos de producción y consumo a nivel macro en prácticamente todos los niveles. En el capítulo uno, analizamos cómo las organizaciones de desarrollo como la FAO y el FIDA se han alejado de los tipos de desarrollo agrícola y transferencia de conocimientos económicos patrocinados por el Banco Mundial, una forma de gestión de la transferencia de conocimientos en la que los profesionales capacitados se limitan a dictar políticas con respecto a la aplicación de nuevas tecnologías, la reforma agrícola y el desarrollo económico. Por otra parte, la FAO y el FIDA abogan por un proceso más participativo en el que los agricultores locales y los miembros de la comunidad también colaboren con los trabajadores sobre el terreno. Sin embargo, como hemos aclarado en el último capítulo, estos modelos participativos siguen contando con la experiencia y las recomendaciones de los trabajadores de campo de los organismos. Dado que los proyectos deben ser aprobados por los directores de proyectos de la FAO y el FIDA, la participación de las comunidades locales está adormecida por una estructura organizativa jerárquica que determina qué tipos de proyectos se llevan a cabo y cómo deben asignarse los fondos. Alternativamente, el movimiento Campesino a Campesino encarna una forma categóricamente diferente de compartir el conocimiento. En lo que Eric Holt-Giménez denomina la pedagogía campesina, las prácticas agrícolas se comparten con otros agricultores de una manera que refleja un "intercambio más profundo y culturalmente arraigado en el que se generan y comparten conocimientos (mi énfasis)". Los campesinos de América Latina (y cada vez más en otras partes del mundo) se dedican a prácticas agroecológicas que incorporan la producción de alimentos y la protección del medio ambiente. El compartir la sabiduría cultural produjo un conjunto de principios normativos generales que sugieren que las tecnologías y métodos del MCAC están profundamente arraigados en el significado.

Codificado como una simple figura de palo, se dice que MCAC "trabaja" con dos manos: una para la producción de alimentos y la otra para la protección del medio ambiente. El Movimiento 'camina' sobre las dos piernas de la innovación y la solidaridad. En su "corazón" cree en el amor a la naturaleza, la familia y la comunidad, y "ve" con una visión de desarrollo agrícola sostenible dirigido por los campesinos. Este símbolo del campesino representa un modelo de agricultura que desafía muchas de las estrategias impuestas por la agricultura y el desarrollo patrocinados por la Revolución Verde. A partir de los años sesenta y setenta en América Latina, la Revolución Verde implementó técnicas agrícolas intensivas en capital, con altos insumos externos, y que utilizaron tierras agrícolas fértiles para la producción de un solo cultivo (monocultivo). Estas técnicas requerían una amplia capacitación, una gestión experta y el uso de maquinaria pesada, plaguicidas, herbicidas y fertilizantes. Si bien los expertos de la Revolución Verde reconocieron que esas prácticas alterarían los sectores agrícolas rurales, en última instancia, la producción eficiente y el aumento de los rendimientos proporcionarían al mundo una mayor seguridad alimentaria. Aunque algunos campesinos y pequeños agricultores se verían obligados a abandonar sus tierras para realizar trabajos asalariados (a menudo en entornos urbanos), a largo plazo esto sería un proceso inevitable de globalización e industrialización. El MCAC, por otra parte, promueve un enfoque de la agricultura centrado en el agricultor o en las personas, que, por una parte, pone en tela de juicio los modelos centralizados y jerárquicos de investigación agrícola y de aplicación de políticas y, por otra, permite a esas redes de agricultores generar sus propios conocimientos locales sobre la agricultura y el desarrollo. Por ejemplo, mediante la utilización de talleres, encuentros e intercambios organizados por los agricultores, los agricultores de las zonas locales y regionales participan en la experimentación agrícola y comparten conocimientos sobre las técnicas agrícolas que han dado buenos resultados. Los talleres se organizan generalmente en torno a actividades prácticas en las que los agricultores se reúnen sobre el terreno para compartir y experimentar con métodos de agricultura eficiente, sostenible y productiva.

La descripción de estos talleres ilumina los elementos culturales de estas reuniones: Las sesiones de clase están puntuadas por canciones, historias, chistes, poemas, dichos y juegos. A veces se invita a una banda local a tocar música durante los períodos de descanso. La alimentación es simple, pero debe ser abundante. El alcohol está normalmente prohibido durante el taller, pero a menudo la última noche termina en una gran fiesta, a veces lubricada con la cerveza local. A menudo, los agricultores que se ponen o viajan al taller vienen de lejos, a veces de otros países. Se establecen fuertes amistades que con el tiempo tejen densas redes de reciprocidad y solidaridad. Durante los encuentros, de carácter más formal, los campesinos y los pequeños agricultores se reúnen para compartir sus experiencias individuales y debatir las estrategias más exitosas para el desarrollo sostenible. En los intercambios menos organizados, grupos voluntarios de agricultores se reúnen para generar interés en las técnicas agrícolas experimentales, así como para conocer a otros agricultores locales. A través de estos talleres, reuniones e intercambios se forma y reconfigura la cultura en una praxis cultural mutua en la que "las tecnologías agrícolas se adoptan y se adaptan, se difunden y se modifican, no mediante la extensión de información y técnicas exógenas, sino como parte de un proceso de expresión agrícola endógena". El movimiento Campesino a Campesino sirve como un ejemplo más de cómo la soberanía alimentaria desafía las actuales nociones neoliberales de gestión agrícola de arriba abajo, dependencia exterior, cooperación y una noción puramente económica de las relaciones humanas. Además, los éxitos del movimiento demuestran una alternativa viable a las políticas del Banco Mundial, el FMI y la OMC que son totalmente ajenas a estos valores y prácticas culturales. Para contrastar algunos de estos temas, el informe del Banco Mundial de 2008 sobre agricultura y desarrollo resulta esclarecedor. El análisis del informe sobre los alimentos genéticamente modificados y el papel de la agroindustria demuestra dos importantes áreas en las que los alimentos se conciben como una mercancía puramente económica, y el desarrollo sostenible se apropia de una comprensión neoliberal de la globalización.

En lo que respecta a los alimentos modificados genéticamente, el Banco sugiere que los cultivos modificados genéticamente encierran un gran potencial para el desarrollo en favor de los pobres. Aunque es necesario evaluar los riesgos y beneficios de estas tecnologías, y los países deberían tener la libertad de decidir si quieren desplegar estas tecnologías, el Banco hace hincapié en la forma en que estas tecnologías han beneficiado a muchos países en desarrollo. La retórica empleada en el informe es de boquilla para contrarrestar los argumentos sobre el uso de alimentos genéticamente modificados, pero en última instancia pone de relieve el potencial de estas tecnologías para alimentar a los pobres del mundo. El simple hecho de ofrecer a los países la "opción" de utilizar o no estas tecnologías evita que se cuestionen las circunstancias en las que los países y sus agricultores rurales están tomando estas decisiones. Si estas personas no están informadas sobre los posibles peligros y riesgos de los alimentos modificados genéticamente, como, por ejemplo, cómo los riesgos para la salud siguen siendo objeto de controversia, cómo los alimentos modificados genéticamente requieren más capital e insumos químicos intensivos, y cómo las semillas modificadas genéticamente reducen la biodiversidad, es posible que no comprendan plenamente las implicaciones de la utilización de estas tecnologías.

La visión del Banco para la agroindustria sigue una línea de razonamiento similar. Las tendencias actuales de concentración del poder de los agronegocios y el control de los mercados han revolucionado la forma en que los agronegocios influyen en la cadena de suministro de alimentos; la producción, distribución y comercialización; y la disponibilidad de alimentos de importancia cultural. Aunque el Banco reconoce la necesidad de incorporar a los productores en pequeña escala, así como de hacer cumplir la responsabilidad empresarial, su énfasis final está en cómo integrar a los productores en pequeña escala en los mercados más grandes. Este enfoque subestima la influencia de las enormes empresas transnacionales de los agronegocios. La consolidación empresarial emergente de las semillas, los fertilizantes químicos y los plaguicidas está socavando rápidamente la capacidad de los pequeños agricultores para competir tanto en sus mercados locales como en los mercados estatales e internacionales más grandes. En resumen, la consolidación del control empresarial en la agricultura y las industrias químicas, que en gran medida no es impugnada por el Banco, socava la capacidad de los agricultores familiares y campesinos para, por un lado, elegir los cultivos que desean cultivar y, por otro, mantener el control sobre sus industrias agrícolas locales. Estas tendencias en los cultivos genéticamente modificados y la agroindustria representan dos esferas en las que el Banco sigue socavando la difícil situación de los agricultores rurales y en pequeña escala. Además, las prácticas de la agroindustria son completamente ajenas a los métodos del Movimiento Campesino a Campesino.

Para poner de relieve estos temas, el estudio monográfico "*Biocombustibles: La nueva manipulación*", ilustra cómo la monopolización y la comercialización corporativas intentan reinscribir los temas del desarrollo sostenible y la protección del medio ambiente en la lógica empresarial del capitalismo. A continuación de este estudio de caso hay otro sobre el movimiento MST en Brasil. Este movimiento es particularmente importante en la medida en que encarna muchos de los mismos temas promovidos por los activistas de la soberanía alimentaria y sirve de ejemplo de un movimiento social que está adoptando medidas radicales para promover sus demandas.

Biocombustibles: la nueva manipulación Como respuesta emergente a las crisis mundiales del medio ambiente, el clima y los recursos naturales, así como a una estrategia específica de los Estados Unidos y las empresas para obligar a una creciente demanda de un uso de la energía más saludable y sostenible desde el punto de vista ambiental, la industria de los biocombustibles y el movimiento que la acompaña han recibido cada vez más críticas de los activistas de los derechos de los agricultores y los alimentos de todo el mundo. La tecnología y la producción de biocombustibles se basa en la idea de que la exploración de nuevas formas de aprovechar la energía de nuestros recursos naturales puede ser una garantía más "limpia, verde y sostenible sobre la tecnología y el progreso". Al apartar la atención y la dependencia de la producción de energía basada en el petróleo y otros recursos finales, la industria de los biocombustibles sostiene que está desarrollando alternativas innovadoras al consumo actual de energía. Los defensores de los biocombustibles afirman que la cosecha de combustibles renovables como el maíz, la caña de azúcar, la soya y otros cultivos proporcionará fuentes de energía alternativas que reducirán la degradación del medio ambiente y la dependencia de los recursos energéticos no renovables. Los defensores de los biocombustibles sostienen que estas fuentes de energía son ecológicas y no contaminantes, no provocarán la deforestación, promoverán el desarrollo rural y no aumentarán el hambre en el mundo. En realidad, sin embargo, los activistas están llamando la atención sobre los efectos secundarios nocivos del paso a los biocombustibles. A pesar de que el cultivo de cultivos para combustibles puede reducir los gases de efecto invernadero en la atmósfera y disminuir el consumo de combustibles fósiles, cuando tomamos en consideración todo el proceso -desde el desbroce de la tierra hasta el consumo- el registro muestra que las emisiones de efecto invernadero procedentes de "la deforestación, la quema, el drenaje de turba, el cultivo y las pérdidas de carbono en el suelo" contrarrestan las ganancias originales. Contrariamente a las afirmaciones de que los biocombustibles mejorarán el desarrollo rural, con la invasión de grandes empresas agrícolas que tratan de aprovechar este mercado, los pequeños agricultores rurales son expulsados cada vez más de sus tierras, de forma similar a los procesos que examinamos en los dos primeros capítulos. Por último, la afirmación de que la producción de biocombustibles no repercutirá en el hambre en el mundo queda desacreditada por el hecho de que los pobres del mundo suelen gastar entre el 50 y el 80 por ciento de los ingresos familiares en alimentos. A medida que la demanda de cultivos para biocombustibles intensifique la competencia por la tierra y aumente los precios mundiales de los alimentos, los pobres serán los más afectados por estos cambios. Citando estadísticas del Instituto Internacional de Investigaciones sobre Alimentación y Políticas, Eric Holt-Giménez señala que las estimaciones sugieren que los precios mundiales de los alimentos en productos básicos aumentarán entre el 20 y el 33% para 2010, y entre el 26 y el 35% para 2020, lo que reducirá drásticamente el consumo calórico diario de los pobres del mundo. En última instancia, la demanda de biocombustibles oculta las implicaciones sociales, económicas y políticas de estas nuevas tecnologías y prácticas. Los activistas del sector alimentario señalan que el auge de los biocombustibles beneficiará desproporcionadamente a las pautas de consumo de los Estados Unidos y Europa. Por ejemplo, en 2007 el Congreso de los Estados Unidos firmó la Ley de Independencia y Seguridad Energética, que establece una "Normativa de Combustibles Renovables (RFS) obligatoria que obliga a los productores de combustible a utilizar al menos 36,000 millones de galones de biocombustible en 2022". Esto representa una quintuplicación de los niveles actuales de uso de biocombustible. Este mandato tendrá invariablemente consecuencias ecológicas y socioculturales para los países en desarrollo a medida que los Estados Unidos se aventuren en los mercados agrícolas para alcanzar esos objetivos. Las importaciones de aceite de palma del sudeste asiático y de América Latina, así como el etanol de caña de azúcar y el biodiésel del Brasil, seguirán aumentando las reformas agrarias basadas en el mercado, la transición a los monocultivos y la influencia de poderosas empresas, todo lo cual amplifica y perpetúa muchos de los problemas de seguridad alimentaria. Si bien la RFS está sujeta a cambios, tal como está ahora, el apoyo de los Estados Unidos a los biocombustibles seguirá perjudicando a las comunidades directamente involucradas en la producción de biocombustibles. Además de los desproporcionados niveles de consumo de las naciones industrializadas, la industria de los biocombustibles también se está consolidando cada vez más, lo que lleva a muchos activistas a acuñar la expresión "industria de los agrocombustibles".

En la actualidad, las grandes empresas controlan alrededor del 60% de la producción de agrocombustibles (principalmente etanol a base de maíz). Sin embargo, en los estudios sobre las tendencias futuras de la producción de agrocombustibles se estima que el control del mercado estará cada vez más en manos de unos pocos agentes empresariales importantes. Por ejemplo, en junio de 2007, Monsanto anunció un aumento del 70% de las ganancias del tercer trimestre, debido en gran parte a una mayor demanda de semillas de maíz utilizadas en la producción de etanol. Dado que "el 90% del etanol estadounidense proviene del maíz y la mayor parte de la cosecha de maíz estadounidense es modificada genéticamente, el etanol se ha ganado el apodo de "luz de luna de Monsanto", ya que la Corporación Monsanto es líder en maíz modificado genéticamente, así como en otros cultivos modificados genéticamente". Como cuestión de soberanía alimentaria, la reducción de las tierras tradicionalmente utilizadas para cultivar maíz, soja, caña de azúcar y otros cultivos básicos, o la asignación de rendimientos desproporcionados de los cultivos para otros fines, como la producción de biocombustibles, reducirá a su vez el suministro a las comunidades locales y aumentará los precios. Como se ha señalado, al reestructurar los sistemas agrícolas locales para producir para la exportación u otras demandas macroeconómicas, la producción de biocombustibles reducirá la tierra que actualmente se dedica a la producción de alimentos y, por lo tanto, hará más vulnerables a los pobres del mundo.

El aumento de la escasez de alimentos básicos y el hecho de que las economías nacionales estén más supeditadas a las empresas transnacionales y a las tendencias del mercado económico mundial socavan la soberanía alimentaria. En cambio, los activistas de los derechos alimentarios sostienen que "el derecho a la alimentación, el combustible básico de los seres vivos es de orden superior a la necesidad de alimentar las máquinas".

Movimiento de Trabajadores Agrícolas sin Tierra (MST). El Movimiento de los Trabajadores Sin Tierra (MST) del Brasil está compuesto por 1,5 millones de trabajadores sin tierra que luchan por la justicia social, una auténtica reforma agraria y los derechos de los campesinos y pequeños agricultores. A partir de 1985, el MST ha reocupado y cultivado pacíficamente las tierras brasileñas no utilizadas con fines de agricultura campesina, de pequeña escala y familiar. La propiedad de la tierra en el Brasil está particularmente desequilibrada, ya que el tres por ciento de la población posee casi dos tercios del total de la tierra cultivable. Desde que el MST comenzó a reocupar las tierras no utilizadas, ha obtenido títulos de propiedad de más de 350.000 familias y actualmente 180.000 familias acampadas esperan el reconocimiento del gobierno.

Aunque el MST ha ganado el reconocimiento del gobierno brasileño, sus éxitos no han estado exentos de costos. Los organizadores y los sin tierra se enfrentan regularmente a la policía, los grupos militares, los pistoleros a sueldo y los tribunales, y a menudo sufren violentas palizas, encarcelamiento y muerte. Sin embargo, rara vez los miembros infringen la ley; más bien, intentan mantener las promesas del gobierno de redistribuir la tierra de una manera más equitativa. De acuerdo con la constitución brasileña, para que la tierra se obtenga legalmente, tiene que cumplir su función social. Aunque el gobierno ha prometido hacer que esta función social sea conceptualmente relevante, poderosos terratenientes locales (y sus aliados extranjeros) han frustrado los esfuerzos de reocupación mediante la intimidación, la manipulación legal y la violencia.

Tomando el asunto en sus propias manos, el MST comenzó a ocupar tierras en la década de 1970 estableciendo campamentos. El establecimiento de campamentos suele comenzar cuando los organizadores del MST identifican a un gran grupo de personas sin tierra que podrían establecer un campamento en un trozo de tierra que se mantiene en condiciones que pueden ser impugnadas legalmente. Al establecerse por primera vez, las personas suelen ser expulsadas de la tierra por pistoleros contratados o por la policía local corrupta que trabaja para el arrendatario de la tierra. La vida en los crecientes campamentos suele ser muy difícil, ya que los colonos se enfrentan a amenazas constantes junto con las condiciones cotidianas de extrema pobreza, hambre y enfermedades. Estas dificultades se amplifican por el hecho de que, para una reocupación exitosa, el MST debe permanecer resueltamente en estas tierras hasta que el gobierno o los tribunales brasileños decidan otorgar la propiedad. Este proceso suele durar entre dos y cuatro años, durante los cuales los colonos se enfrentan a los peligros mencionados. Aunque la vida en los campamentos es difícil, gracias al apoyo de otras cooperativas del MST, grupos eclesiásticos, sindicatos y líderes políticos simpatizantes, estos campamentos han demostrado ser cada vez más exitosos, y han demostrado al mundo la visión del MST.

En la actualidad, el MST ha creado "sectores" o "colectivos" que organizan proyectos y promueven políticas relativas a cuestiones específicas, entre ellas "la producción, la cooperación, la educación, el medio ambiente, el género, la educación política, la salud, la cultura, las comunicaciones, los derechos humanos, y la juventud". Con respecto a la producción, la cooperación y el medio ambiente, el MST ha creado cooperativas de producción agrícola, tanto colectivas como semicolectivas, en las que los agricultores locales producen en tierras comunes para beneficio de toda la comunidad. A nivel de infraestructura, el MST ha creado sus propias operaciones de crédito (bancos) que atienden a los prestatarios y productores locales y ayudan a gestionar los procedimientos financieros. Han establecido procesadores de alimentos de pequeña y mediana escala para la elaboración de frutas, verduras, productos lácteos, cereales, carnes y azúcar; lanzado una campaña de educación ambiental para embellecer los asentamientos mediante la plantación de árboles, flores, bosques y jardines. Y han capacitado a los agricultores locales en agroecología, incluidos métodos de producción ambientalmente seguros, así como en el cultivo de semillas naturales y orgánicas. Con respecto a la educación política, el MST ha creado escuelas regionales y estatales para enseñar a los colonos las condiciones que enfrentan los pobres de las zonas rurales en Brasil. Estos centros educativos, ya sea en escuelas locales o en pequeñas reuniones comunales, capacitan a las personas en la toma de conciencia sobre las realidades de los agricultores y trabajadores sin tierra, cómo mantener a largo plazo la presencia del MST en el campo y cómo elaborar políticas de reforma agrícola más igualitarias. Por ejemplo, en 1997 el MST creó el Instituto Técnico de Educación e Investigación sobre la Reforma Agraria (ITERRA), que ofrece cursos de administración técnica de las cooperativas, comunicación social y atención sanitaria y de enfermería comunitaria, entre otros. Las oportunidades educativas en los campamentos siguen aumentando y actualmente el MST tiene 40 asociaciones con 13 universidades. Al igual que las luchas por los derechos de la mujer, características del movimiento de soberanía alimentaria y del movimiento zapatista, parte del esfuerzo del MST por crear una sociedad más justa y equitativa implica la participación de las mujeres. La organización tiene un "sector de género" que se esfuerza por poner fin a las desigualdades de género mediante el establecimiento de "nuevas relaciones económicas, sociales, políticas y ambientales" que están "basadas en valores como el respeto, la amistad, la solidaridad, la justicia y el amor". Las iniciativas incluyen la garantía de servicios de guardería en todas las reuniones del MST para asegurar que las mujeres no queden excluidas debido a las responsabilidades del cuidado de los niños. El MST también se dedica a la representación equitativa de hombres y mujeres en todas las actividades educativas y de capacitación, y trata de garantizar un director y una directora en cada comunidad. El MST también trata de documentar la vida de las mujeres trabajadoras rurales, contribuyendo así a mantener un registro de base de la vida y los esfuerzos de los miembros de la comunidad. Por último, como aspecto integral de la educación, el MST se dedica a incorporar el tema de las relaciones y la igualdad entre los géneros en todo su programa de estudios. Si bien los miembros del MST admiten que la paridad entre los géneros sigue siendo una labor en curso, el hecho de que su misión fundacional inscriba los derechos de la mujer ilustra la forma en que la soberanía alimentaria y sus movimientos de reforma similares luchan por crear relaciones de género más justas y equitativas. En un esfuerzo por mejorar la atención de la salud de las comunidades del MST, la organización también fija el acceso a la atención médica de calidad, e intenta cultivar y utilizar tratamientos médicos a base de hierbas para las comunidades y campamentos del MST. Desde la creación del MST, el "sector" de la atención de la salud ha capacitado a los educadores de la comunidad en materia de atención de la salud, ha puesto en marcha un programa de prevención del VIH/SIDA y ha ayudado a registrar la calidad de vida y las condiciones de vivienda de miles de familias. De manera similar a la utilización de los medios de comunicación por parte de los zapatistas, el MST también ha establecido medios para comunicar su causa. La publicación regular del MST, el Sem Terra Journal, se publicó hace más de dos décadas y sigue siendo una de las revistas más largas publicadas por un movimiento de resistencia popular.

El MST también trabaja con las estaciones de radio de las universidades locales y controla muchos transmisores de medio alcance utilizados para transmitir eventos. El Diario Sem Terra es representativo del pueblo Sem Terra (sin tierra), y habla en nombre de los empobrecidos, los desempleados, los sin derechos y los que sufren marginación cultural, política y económica. Como uno de los grupos de justicia social más activos e influyentes del mundo actual, el MST encarna otro ejemplo más del desafío mundial a la teoría económica neoliberal, y los modelos de desarrollo de la globalización económica patrocinados por el Banco Mundial, la OMC y el FMI. El MST es representativo de movimientos mundiales similares que buscan la inclusión en la vida jurídica, económica y política de los gobiernos nacionales. En el Brasil, el MST ha obtenido un amplio apoyo público de simpatizantes y ha captado la atención del gobierno brasileño.

Al luchar por una sociedad más justa en el Brasil concretamente, el MST también ha señalado a la atención muchas de las mismas luchas que defiende la soberanía alimentaria. El movimiento encarna una afirmación pacífica de los derechos humanos en general, y de los derechos de los agricultores, los trabajadores sin tierra y los campesinos en particular. Al confrontar las actuales visiones económicas neoliberales y corporativas de la globalización, el MST no sólo ha presentado un desafío simbólico a estas visiones, sino también una alternativa práctica y sustantiva a las actuales concepciones de la globalización, el hambre y la pobreza.

Un nuevo sentido para la Seguridad Alimentaria

El concepto y el movimiento de la soberanía alimentaria presenta una crítica desafiante del actual concepto neoliberal y desarrollista de la seguridad alimentaria. Como concepto, ofrece una crítica particularmente incisiva de la forma en que la seguridad alimentaria está condicionada por el Banco Mundial, el FMI y la OMC, así como por la creciente monopolización empresarial de la industria alimentaria y agrícola. Como movimiento, encarna claramente valores alternativos como la cooperación, la eficiencia en términos de productividad local y la interdependencia.

Al promover prácticas como la producción local para el consumo local, la agroecología y el desarrollo sostenible, el movimiento MST encarna una alternativa a los actuales conceptos económicos de la globalización. Si bien las organizaciones de las Naciones Unidas, como la FAO y el FIDA, reconocen las deficiencias del Banco Mundial, el FMI y las políticas de la OMC, la definición actual de la seguridad alimentaria todavía se queda corta para esbozar las demandas expresadas por la soberanía alimentaria. La FAO está incluso empezando a cuestionar su actual enfoque de la reducción de la pobreza como medio para eliminar el hambre y la malnutrición. Está empezando a cuestionar si debemos abordar el problema del hambre antes de abordar la cuestión de la pobreza. Como tal, el movimiento de soberanía alimentaria ocupa una posición crítica y estratégica en lo que respecta a la teorización de la aplicación de políticas para las cuestiones del hambre y la malnutrición. Aunque la definición y las políticas de soberanía alimentaria siguen evolucionando, podemos resumir los temas más centrales del debate.

El Comité Internacional de Planificación para la Soberanía Alimentaria (CIP) ofrece una sinopsis de las cuestiones examinadas en este capítulo. La soberanía alimentaria incluye los siguientes elementos: junto con el derecho básico a la alimentación, la producción agrícola debería centrarse en la producción local para el consumo local, y los pequeños agricultores y las personas sin tierra deberían tener un mejor acceso a la tierra, el agua, las semillas y el ganado. Además, los agricultores deberían estar protegidos de las patentes sobre semillas, razas de ganado y genes. Los recursos comunes como el agua deberían considerarse bienes públicos que se distribuyen equitativamente y se utilizan de manera sostenible. Con respecto a la reforma agrícola, debe ser una verdadera reforma en la que la distribución de la tierra sea equitativa, y en la que se permita a los pequeños agricultores decidir qué consumen y cómo y quién produce lo que consumen. Parte de este esfuerzo implicará el derecho de los países a protegerse de las importaciones agrícolas y alimentarias a precios inferiores a los reales, así como la eliminación de todas las formas de dumping. En otras palabras, se debería permitir a los países ejercer el derecho a imponer impuestos a las importaciones excesivamente baratas. Además, los agricultores, y específicamente las mujeres agricultoras, necesitan más vías para participar en la adopción de decisiones sobre políticas agrícolas locales. De acuerdo con la soberanía alimentaria, estos objetivos pueden alcanzarse mediante métodos agroecológicos que ofrezcan la posibilidad de lograr medios de vida sostenibles y la conservación del medio ambiente. Estas propuestas básicas esbozan la naturaleza específica de la demanda de soberanía alimentaria, que aquí se refiere a cómo las personas eligen vivir, qué y cómo eligen producir y consumir, y cómo construir un mundo más justo, equitativo y democrático. Recordando la propuesta metodológica al principio de este capítulo, estas demandas también ponen de relieve importantes implicaciones para la forma en que concebimos el actual sistema alimentario mundial. Las políticas de agroecología, la agricultura en pequeña escala dirigida a la producción local para el consumo local, la cooperación y el desarrollo sostenible, desafían las ideas de competencia y eficiencia en términos de producción masiva para la exportación, la especulación y el crecimiento sin restricciones. En el Norte global, la gente está empezando a expresar preocupaciones similares. En los Estados Unidos, por ejemplo, la gente está empezando a articular su preocupación por el hecho de que, en promedio, nuestros alimentos viajan 1,300 millas desde la producción al procesamiento hasta nuestros platos. Esta desconexión del proceso de producción asegura una reducción de las opciones de compra, ya que la corporatización global de la industria alimentaria dicta cada vez más lo que está disponible en los estantes de los supermercados. El Norte global no sólo ha perdido conciencia de, por ejemplo, los alimentos de temporada, sino que los consumidores son cada vez menos conscientes de cómo sus decisiones de compra repercuten negativamente en millones de agricultores en el extranjero.

El objetivo final del análisis de la soberanía alimentaria en sus propios términos es comprender mejor la heterogeneidad, la complejidad y la subjetividad de estas comunidades. Además, al entender este movimiento en sus propios términos, reconocemos que el movimiento no debe ser entendido como una especie de la era cultural pasada de la vida simple y pura.

Se reconoce que el movimiento no se limita a rechazar los procesos de globalización, sino que reclama derechos legales, económicos y políticos que desafían los fundamentos de la forma en que concebimos temas como la justicia, la igualdad y la democracia. Esto es palpable, por ejemplo, en el compromiso de la soberanía alimentaria con los derechos de la mujer. Como señala Raj Patel, "El compromiso con los derechos de la mujer y el reconocimiento de que el sistema alimentario depende del trabajo de las mujeres, desde el desarrollo de las semillas hasta la cosecha, la cocina y el servicio, es una de las señales más claras de que algunos movimientos de agricultores no añoran un pasado rústico, sino que quieren dar forma a un futuro radicalmente diferente".

Por último, se puede visualizar que la soberanía alimentaria representa un movimiento social único en el que los derechos comunitarios, políticos y culturales están entrelazados con la cuestión de la alimentación. Este debate conduce en última instancia a algunas prescripciones éticas más amplias sobre cómo concebimos el hambre y la pobreza mundial, y proporciona una lente a través de la cual podemos potencialmente volver a imaginar la justicia, la igualdad y la democracia.

CAPÍTULO 4

PRODUCCIÓN SUSTENTABLE: ESTRATEGIAS Y CAMBIO CLIMÁTICO

Abraham Jauregui, Jose Luis Ibave, Joel Badillo y Guillermo Cervantes

Para poder generar y conocer los distintos tipos de producción sustentable tenemos que conocer que es la soberanía alimentaria ya que de ahí podemos tomar el punto de partida para conocer cómo surge una estrategia y el cómo aplica a distintas áreas. Es así como conocemos a la soberanía alimentaria como encargada de organizar la producción y el consumo de alimentos de acuerdo con las necesidades de las comunidades locales y prioriza la producción para el consumo local. La soberanía alimentaria incluye el derecho a proteger y regular la producción agrícola y ganadera del país y a proteger el mercado interno del dumping del excedente agrícola y las importaciones a bajo precio de otros países. Los agricultores sin tierra y los pequeños agricultores deben obtener tierra, agua y semillas, así como suficientes recursos de producción y servicios públicos.

En comparación con la política comercial, la soberanía alimentaria y la sostenibilidad son las principales prioridades. Es por eso que, en respuesta a décadas de fracaso de las políticas, el concepto de soberanía alimentaria y los movimientos que lo acompañan se han convertido en una voz poderosa contra la visión actual de la reforma agrícola, la agricultura y la globalización. Además, la soberanía alimentaria apoya la agricultura sostenible basada en modelos de agricultura familiar o campesina que utilizan los recursos locales "en armonía con la cultura y las tradiciones locales". Finalmente, la soberanía alimentaria busca producir bienes para "consumo de los hogares y el mercado interno".

Desde que se estableció formalmente el movimiento, la definición original de soberanía alimentaria ha evolucionado, pero sus elementos centrales no han cambiado. La soberanía alimentaria es un derecho de los pueblos de todos los países, y los países y las alianzas estatales tienen derecho a definir sus políticas agrícolas y alimentarias sin necesidad de "arrojar" productos agrícolas al exterior.

Al momento que hablamos de "Estrategia" de una producción sustentable y tomar como punto de partida la soberanía alimentaria es necesario hacer algunas distinciones preliminares entre la soberanía alimentaria y un modelo de seguridad alimentaria basado en enfoques de desarrollo de la globalización, ya que es muy fácil confundir las estrategias dentro de cada una, cuales son generadas y cuales son aplicables. La soberanía alimentaria organiza la producción y el consumo de alimentos de acuerdo con las necesidades de las comunidades locales y prioriza la producción para el consumo local. La soberanía alimentaria incluye el derecho a proteger y regular la producción agrícola y ganadera del país y a proteger el mercado interno del dumping del excedente agrícola y las importaciones a bajo precio de otros países. Los agricultores sin tierra y los pequeños agricultores deben obtener tierra, agua y semillas, así como suficientes recursos de producción y servicios públicos. En comparación con la política comercial, la soberanía alimentaria y la sostenibilidad son las principales prioridades. Finalmente, se examina el tema de la agricultura global a pequeña escala versus la agricultura global a gran escala.

De igual manera el término sustentabilidad es importante ya que conociendo que es soberanía alimentaria nos percatamos de cómo se maneja el sector agrícola dentro de la localidad, estados, países o naciones, como es regulado y que tan dependiente o independiente es del sector gubernamental. Por lo que conocer el termino sustentabilidad nos permite la apertura a las estrategias y complementan el entendimiento de la soberanía.

La *agricultura sustentable* se basa en sistemas de producción cuya principal característica es la aptitud de mantener su productividad y ser útiles a la sociedad indefinidamente.

En consecuencia, los sistemas de producción sustentables deben reunir los siguientes requisitos:

1) conservar los recursos productivos;

2) preservar el medio ambiente;

3) responder a los requerimientos sociales; y

4) ser económicamente competitivos y rentables (Martell Otto *et al.*, 2001).

La distinta índole de los requisitos mencionados ha dado lugar también a que se identifiquen tres ejes de la sustentabilidad: la viabilidad ecológica, la viabilidad social y la viabilidad económica (Satorre, 2003). De esta manera podemos categorizar o delimitar las distintas estrategias.

Estrategias para la sustentabilidad

Acuaponia

La producción de alimentos representada por las ocupaciones agropecuarias e industriales, ocupan una enorme mayor parte del recurso agua (sostén de la vida) el cual todos los días se hace menos disponible.

En México, la zona agrícola es el más grande consumidor de agua, usa el 65%, ya que ha quintuplicado la utilización por riego y no cuenta con un sistema eficiente, ocasionando una enorme pérdida del esencial líquido.

Las elecciones y la implantación de ocupaciones en materia hídrica han de estar fundamentadas en la ciencia y en la mejor tecnología disponible, considerando los componentes locales que a menudo necesitan de la aplicación de paquetes tecnológicos apropiados o de adaptaciones innovadoras (IV Foro Mundial del Agua asunto: Agua para el aumento y desarrollo- 2006).

Esta estrategia propone un método de producción de alimentos que utiliza eficazmente el agua de manera sostenible y holística, principalmente para áreas desnutridas, altamente marginadas y pobres donde es difícil obtener alimentos. Esta opción es combinar la acuicultura con la hidroponía, llamada Acuaponia.

Como se menciona la Acuaponia está conformada por dos ramas de cuidado sostenibles las cuales se definen como:

La *acuicultura* es la producción de cualquier organismo que viva en el agua, como peces, camarones, moluscos, cangrejos, plantas acuáticas, etc. Por su parte, representa un sustituto productivo del sector agropecuario; a nivel nacional, debido a la demanda de sus productos, su desarrollo se ha incrementado significativamente en los últimos años, la mayoría de los cuales tienen alto valor nutricional. Sin embargo, el gran potencial del desarrollo de las actividades acuícolas debe superar algunos desafíos, como reducir la cantidad de agua requerida, y reducir y mejorar la cantidad y calidad de las aguas residuales producidas por kilogramo de biomasa.

La *hidroponía* es un método sin suelo que utiliza soluciones de nutrientes en el agua para producir plantas comestibles (frutas y verduras) y plantas ornamentales.

La hidroponía es una tecnología que combina la hidroponía y la acuicultura en un sistema circulatorio, es un modelo para producir alimentos con alto valor nutricional de manera sostenible. Siguiendo el principio de reutilización de aguas residuales e integración de sistemas acuícolas-agrícolas (el principio de aumentar la diversidad y el rendimiento), no solo es una fuente de proteínas (pescado), sino también una fuente de vitaminas y minerales (frijoles, tomates, arroz, frutas, etc. en un espacio reducido), y se obtienen productos de salud que tengan un impacto significativo en la sociedad y la economía local.

Estas técnicas se generar gracias a los avances tecnológicos en la mejora de los sistemas de acuícolas y al buscar reducir los efectos o impactos contaminantes de las aguas con desechos de la agricultura. A través de un buen diseño y una operación correcta, puede reducir la demanda de agua para la piscicultura normal en un 90%; solo se usa una décima parte del agua, y el rendimiento se puede aumentar y el costo de producción se puede reducir sin una gran cantidad de tierra, y la producción de vegetales está en progreso.

Los ahorros de fertilizantes llegan al 45%, porque el agua del sistema de producción de peces proporciona el 80% de los 16 elementos necesarios para el desarrollo de las plantas. A pesar de la normativa anterior, se puede obtener un máximo de 500 plantas por metro cuadrado al año.

Caso documentado

Segovia (2008) utilizó un sistema de recirculación acuícola donde cultivó tilapia nilótica (*Oreochromis niloticus*) a una densidad inicial de 30.9 kg/m3 y final de 50.7 kg/m3, junto con un cultivo de 400 plantas de fresa (*Fragaria ananassa* variedad *camarosa*) a un flujo de 6 L/min durante 92 días obteniendo una tasa de crecimiento para las tilapias de 3.7 gramos por día con una tasa de conversión alimenticia de 2.0 (es decir, 2 kilogramos de alimento para producir 1 kilogramo de pez). Según, Rakocy et al., (2004 en Mateus, 2009) cultivando 77 peces/m^3 de tilapia del Nilo y 154 peces/m^3 de tilapia roja, durante 42 días, se obtienen producciones promedio de 61.5 kg/m^3 y 70.7 kg/m^{3,} y peso promedio de 813.8 g y 512.5 g respectivamente. Siendo la producción anual estimada de 4.16 Ton para tilapia del Nilo y 4.78 Ton para tilapia roja. (Sustainable food, 2012, p.72)

Gracias al caso documentado nos podemos percatar del gran potencial de producción de alimentos mediante la estrategia de Acuaponia. De igual manera nos percatamos de la oportunidad en zonas de marginación, pobreza y hambruna, de esta manera se lograría mitigar la hambruna en estas zonas generando sistemas de autoconsumo en las zonas de implementación.

Claro cada estrategia que se pueda llegar a generar tiene un punto malo o desventaja en que este caso la Acuaponia, genera una limitada producción de plantas por la poca cantidad de peces en el sistema, de igual otro punto negativo es el uso de bombas, filtros y energía, para su implementación. Pero si analizamos los resultados que con lleva la utilización de esta técnica o estrategia como se analiza en el caso documentado, las desventajas quedan de por medio ya que se vuelven un poco insignificantes.

Al producir alimentos en forma integral mediante esta estrategia nos genera un manejo sustentable del agua que es lo que busca generar como también de los alimentos y el medio ambiente.

La producción de estos alimentos con altos nutrientes generados a través de la acuaponia, son una vasta fuente de proteínas, vitaminas y minerales; que es donde percatamos como alternativa para zonas de progresa, hambruna y marginación. Al momento de analizar esta estrategia se puede percatar que existen muchas más con un mayor índice de efectividad y ayuda. Pero entre todas las posibles estrategias existe una que es la más conocida, mencionada y que ha generado un gran grado de eficacia.

Agroecología

La agroecología es tanto un concepto de desarrollo como una práctica que se centra en la agricultura a pequeña escala, familiar y agrícola. Durante miles de años, los agricultores han estado estudiando métodos agroecológicos, pero debido al fracaso de la Revolución Verde y las políticas de reforma agrícola neoliberal, el concepto y la práctica de la agroecología ha despertado un nuevo interés en la gente. La agroecología se basa en el conocimiento agrícola tradicional local, la seguridad ambiental y el desarrollo sostenible de importancia cultural, la inversión orgánica en lugar de la inversión intensiva en capital y productos químicos y la biodiversidad.

La agroecología se define como la ciencia encargada de estudiar los fenómenos ecológicos qué sucede en el área de crecimiento, como el proceso de interacción en una multitud de especies o comunidades de especies, y evaluar la productividad de los cultivos y sostenibilidad del medio ambiente.

De igual manera es el estudio general del ecosistema agrícola, incluidos todos los factores ambientales y humanos. Se centra en la forma, dinámica y funciones de sus interrelaciones y los procesos que implican la idea implícita en la investigación en agroecología es que, al comprender estas relaciones y procesos ecológicos, el agroecosistema puede manipularse para aumentar la producción y una producción más sostenible, mientras se reducen los impactos ambientales o sociales negativos y se reducen los insumos externos.

Existen varios aspectos en los que esta estrategia entra, por ejemplo, los retos que afrontan la agricultura y la producción alimentaria media y media a largo plazo parecen ser enormes; las estrategias de desarrollo agrícola deben centrarse en Incrementar la producción de alimentos y ponerlos a disposición de la población. Incrementar mientras se revierte la creciente degradación de los recursos y el número de personas que viven en extrema pobreza. Por ende, el desarrollo de la tecnología agrícola debe resolver los problemas anteriores como forma de evitar frustraciones pasadas; por lo que la agroecología se convierte en una estrategia factible y confiable.

Es importante encontrar factores de producción con métodos de producción. Agroecosistema sensible al mantenimiento y aumento de la biodiversidad (cultivos relacionados, rotación de cultivos y agrosilvicultura); de igual forma de suelos con alto contenido de materia orgánica y alta actividad biológica ya que son los que muestran excelente fecundidad, por lo que como organismo complejo nutricional y beneficioso para prevenir infecciones, por lo tanto, la importancia de aplicar fertilizantes orgánicos. Luego, el ecosistema agrícola puede manipularse para aumentar los rendimientos y producir más sostenibilidad y reducir el impacto negativo sobre el medio ambiente y la sociedad, como la disminución de la biodiversidad, la pérdida de fertilidad del suelo y la contaminación del agua, que a su vez daña la salud y productores rurales; menos insumos externos significa los costos de producción afectan la economía de los agricultores.

La finalidad es que el Agroecosistema logre mejorar su propia fertilidad edáfica, la regulación natural de plagas y la productividad de los cultivos, componentes decisivos para el beneficio obtenido por los productores. Así de esta manera se lleva acabo, los campesinos al notar un cambio gradual y no de golpe generan un mayor grado de aceptación, ya que de otra manera pueden ser vistas de alto riesgo y es una manera que se involucra y sostiene el factor social.

En términos de rediseño del sistema, se debería asegurar el siguiente proceso: Aumentar diversidad biológica aérea y subterránea, crecimiento de la producción de biomasa y contenido de materia orgánica del suelo, organización óptima de la sucesión y mezcla de flora y fauna, usando eficazmente los recursos accesibles localmente y optimizar la complementariedad servible entre diversos elementos agrícola. Las pautas de diseño tienen la posibilidad de desarrollar y usar más optimizar la sostenibilidad y la defensa de los recursos del ecosistema agrícola.

La comprensión de los ecosistemas, especialmente los agrícolas, se centra en la realización de la sostenibilidad y no puede llevarse a cabo de manera local y disciplinaria. La realización de lo multidisciplinario e interdisciplinario es fundamental.

Finalmente, el desarrollo sustentable, especialmente la sustentabilidad de la agricultura involucra cambios fundamentales en el paradigma científico de cada ciencia relevante, así como la postura moral de los actores involucrados en la implementación.

Medio ambiente

El principal impacto negativo de las actividades agrícolas en el medio ambiente es la: erosión y degradación del suelo causada por la deforestación y la agricultura excesiva, pérdida de nutrientes del suelo, impacto de la contaminación por biosidas e insectos benéficos, pérdida de biodiversidad, acumulación y pérdida de nitratos y otros químicos en la capa. Salinización, agotamiento de los recursos hídricos y con todo, la pérdida de servicios ecosistémicos. En las zonas más pobres, la distribución de recursos es deficiente, la marginalidad y la demanda de alimentos obligan a los agricultores a cultivar tierras en declive, poco profundas y semiáridas sin recursos suficiente, presentándose, con el tiempo una fuerte erosión y su concomitante degradación del suelo.

Por el contrario, en áreas con alta tecnología de producción, el principal problema es la degradación por abuso del riego. salinización y uso indiscriminado de biosidas y fertilizantes, causales de una grave contaminación ambiental, amenazando la seguridad alimentaria.

Al momento de generar y producir cualquier tipo de estrategia, la meta es el alcanzar una producción agrícola sustentable, consistente en la producción de cantidad considerables de alimentos para la satisfacción de manera continua y rentable, las necesidades de la población y más aún cuando esta crece contantemente, además aunado a un uso eficiente y seguro de los recursos naturales al igual que de los insumos externos, asegurando los servicios ecosistémicos para la sociedad.

El manejo racional de los recursos implica disponer de técnicas para

i) reducir la erosión y degradación de los suelos (labranza reducida, siembra directa, cultivos en franja, cultivos de cobertura, rotaciones adecuadas, fijación biológica de nitrógeno, abonos orgánicos, fertilización eficiente, etc.),

ii) evitar la contaminación química (transgénicos, control biológico e integrado de plagas, uso racional de agroquímicos, uso de productos menos nocivos, etc.),

iii) reducir la salinización (riego racional, cultivares tolerantes a sales, etc.),

iv) un uso más eficiente de recursos e insumos (cultivares de mayor estabilidad y potencial de rendimiento, manejo adecuado de cultivos y del riego, agricultura de precisión, etc.) y

v) el mantenimiento de la biodiversidad (refugios, limitaciones a la deforestación, etc.) (JICA-INTA, 2004).

De igual manera para la búsqueda de una sociedad sustentable es necesario la reconversión de los sistemas productivos primarios desde la agricultura (que es lo primordial que se a mencionado) hasta la extracción, orientando a maneras de organización ecológicamente adecuadas. Al momento que un país con lleva una mala distribución agraria es necesario una democratización de la propiedad de tierra.

Al nosotros generar esta acción estamos impulsando una pequeña producción de carácter familiar, ¿y por qué esto es importante?, el minifundio familiar (campesino o indígena) genera una mayor eficiencia al uso y conservación de los recursos naturales, por lo que el pequeño ganadero o agrícola apoya esta sustentabilidad o mejor dicho forma de una parte muy importante ya que gracias a él gran parte del ecosistema perdura y permitiendo, en algunos casos, una pequeña regeneración. Además de que el mismo ganadero genera un cuidado meticuloso para el mantenimiento de sus recursos a diferencia que un gran propiedad requiere el uso de insumos químicos para obtener una fertilidad y es aquí donde ya no cumplimos la sustentabilidad.

Cambio climático

Existen grandes consecuencias pronosticadas a raíz del cambio climática, cada uno con un grado de afectación y aunque algunas todavía son predicción otras no lo son, una de ellas es la productividad de los cultivos y del ganado, podría disminuir debido a las altas temperaturas y al estrés causado por las sequías, pero que estos efectos variarán según las regiones. Se anticipa que el cambio climático cause impactos sobre la producción agrícola que serán diversos y específicos según la ubicación.

Las regiones en latitudes medias o altas (donde el calentamiento global extenderá la temporada de cultivo) podrían no experimentar la disminución en el rendimiento esperado en las regiones tropicales, que probablemente serán las más afectadas por el cambio climático, al punto de sufrir pérdidas significativas en la producción agrícola.

De manera similar, los cambios en la precipitación estacional total o los patrones de cambios también afectan los rendimientos de los cultivos, pero la mayoría de los modelos afirman que la mayoría de los efectos serán impulsados por las tendencias de temperatura en lugar de las tendencias de lluvias.

Precipitación. Los cambios en las precipitaciones y la temperatura generarán fluctuaciones en el rendimiento de los cultivos de temporal, mientras que los cambios en el rendimiento de las tierras de regadío serán impulsados principalmente por los cambios de temperatura. El aumento de las temperaturas puede hacer que muchos cultivos crezcan más rápido, pero también reducirá el rendimiento de algunos cultivos.

Por lo tanto, el clima es una fuerza impulsora importante para la dinámica de las poblaciones de plagas. En particular, la temperatura tiene un impacto fuerte y directo en el desarrollo, reproducción y supervivencia de los insectos. No hay duda de que el cambio climático requerirá estrategias de manejo adaptativo para hacer frente al estado cambiante de plagas y patógenos. Algunos investigadores creen que, si el frío invierno ya no impide la reproducción de ciertas plagas, enfermedades y malezas, pueden sobrevivir o incluso reproducirse con mayor frecuencia cada año. Una temporada de crecimiento más larga permitirá que ciertas plagas completen más ciclos de reproducción en primavera, verano y otoño.

Se espera que las emisiones de gases de efecto invernadero causadas por el hombre aumenten las concentraciones de dióxido de carbono hasta en un 57% para el año 2050.

Medidas para la Sustentabilidad agrícola

Cada una de las consecuencias mencionadas son retos, retos que el ser humano tiene que superar, tiene que planificar, analizar, procesar, plantear, ejecutar y revisar para superar, pero desde hoy en día que se han previsto estos acontecimientos también se han generado alternativas de solución con lo poco o mucho conocido en cada una de las afectaciones.

- *Incremento de la agro-biodiversidad*

A lo largo del tiempo los agro-ecólogos han sostenido que un plan clave para el diseño de una agricultura sustentable es reincorporar la variedad a las parcelas agrícolas y paisajes circundantes, así como implementar su manejo más eficientemente. La diversificación se genera de muchas modalidades: diversidad genética y variedad de especies como en las mezclas varietales y los policultivos, y en diferentes escalas a grado de parcelas y paisajes como en la situación de la agro silvicultura, la adhesión de cultivos y ganadería, los setos vivos, los corredores, etcétera., proporcionando a los agricultores una vasta pluralidad de posibilidades y combinaciones para la utilización de este tipo de técnicas estratégicas para la sustentabilidad.

Dado el rol positivo de la biodiversidad para proporcionar estabilidad a los agroecosistemas, muchos investigadores han afirmado que el incrementar la diversidad de los cultivos será aún más importante en un futuro en el que habrá oscilaciones climáticas dramáticas. Una mayor diversidad en los agro ecosistemas puede servir de amortiguador frente a los patrones cambiantes de las precipitaciones y temperaturas, y posiblemente revertir las tendencias a la baja de los rendimientos a largo plazo conforme una variedad de cultivos y/o variedades responden de manera diferente a estas perturbaciones (Altieri y Koohafkan, 2013).

- *Restauración de cultivos a gran escala*

Se busca la replantación de cultivos claro mediante un proceso a gran escala basado en el crecimiento tecnológico. Buscando distintos esquemas para una restructuración fuerte desde la interactuación de cultivos entre sí, para buscar un mayor rendimiento entre cada y mejorar dicha producción de cultivo.

- *Reforzamiento de los Agroecosistemas para afrontar situaciones extremas*

El generar prácticas de diversificación entre los cultivas ayuda al fortalecimiento de los cuales, desde los procesos de cultivos de cobertura, cultivos intercalados y agroforestería, minimizando daños a los cultivos en situaciones de clima extremo a diferencia de otros cultivos convencionales. Está claro que el incrementar la diversidad vegetaciones y la complejidad de los sistemas agrícolas para reducir la vulnerabilidad a los eventos climáticos extremos. Dejando muy en claro que la biodiversa ida es esencial para el funcionamiento del ecosistema.

De esta manera es cómo podemos contrarrestar o prevenir los daños en contra de cualquier efecto del cambio climático, es la manera en la que la agroecología nos presenta una solución donde en anteriores casos ha presentado resultado. Cada una de estas medidas es importante para cuidar nuestra sustentabilidad y no afectarán ni mucho menos perderla ante circunstancia climáticas, que tal vez puedan ser tanto de grado extremo, como a largo plazo.

CAPÍTULO 5

LAS AGENCIAS INTERNACIONALES Y SU ROLE EN LA SEGURIDAD ALIMENTICIA

José Pedroza, José Luis Ibave, Joel Badillo y Guillermo Cervantes

Desde las primeras comunidades organizadas, el ser humano ha intentado garantizarse primero el suministro de alimentos y después que estos sean saludables y nutritivos. La globalización intensifica la necesidad de definir un concepto cada día más actual, el de la seguridad alimentaria, y unificar y coordinar sus esfuerzos.

Existe evidencia de que se usó hace más de 10,000 años, y se sabe que las autoridades centrales de las civilizaciones de la antigua China y el antiguo Egipto liberan alimentos del almacenamiento en tiempos de hambruna. En la Conferencia Mundial de la Alimentación de 1974, el término "seguridad alimentaria" se definió con énfasis en el suministro.

En el siglo XIX, a través de unas Reales Órdenes, el Estado estableció la obligación de los responsables de la Administración local respecto al control de los alimentos que se consumían en las ciudades. Capitales tan populosas como Londres o París ya desarrollaban esta tarea sanitaria. A lo largo del siglo XIX se dan dos circunstancias que empujan el desarrollo de la seguridad alimentaria. Por un lado, la creación de grandes núcleos de población que distancia la zona de producción (agrícola y ganadera ubicada en el campo) de las zonas de consumo en las ciudades. Además de la lógica preocupación por el abastecimiento, entre las autoridades también se desarrolló un interés por vigilar la salubridad de los alimentos que llegaban hasta ellas. Por otro lado, los avances tecnológicos en los campos de la ciencia (química y microbiología, sobre todo) hacen posible analizar y detectar gran variedad de sustancias en los alimentos, cada vez con mayor precisión.

¿Qué es la seguridad alimenticia?

La seguridad alimentaria es una condición relacionada con el suministro de alimentos y el acceso de los individuos a ella. La seguridad alimentaria es la "disponibilidad en todo momento de suministros de alimentos básicos, alimentarios, diversos, equilibrados y moderados a nivel mundial para sostener una expansión constante del consumo de alimentos y compensar las fluctuaciones en la producción y los precios". Las definiciones posteriores agregaron problemas de demanda y acceso a la definición. El informe final de la Cumbre Mundial sobre la Alimentación de 1996 afirma que la seguridad alimentaria "existe cuando todas las personas, en todo momento, tienen acceso físico y económico a alimentos suficientes, seguros y nutritivos para satisfacer sus necesidades dietéticas y preferencias alimentarias para una vida activa y saludable". Según Matos, Crespo y Bidot (2017, p, 59): El concepto de Seguridad Alimentaria surge en la década del 70, basado en la producción y disponibilidad alimentaria a nivel global y nacional. En los años 80, se añadió la idea del acceso, tanto económico como físico. Y en la década del 90, se llegó al concepto actual que incorpora la inocuidad y las preferencias culturales, y se reafirma la Seguridad Alimentaria como un derecho humano.

Según la Organización de las Naciones Unidas para la Agricultura y la Alimentación (FAO), desde la Cumbre Mundial de la Alimentación (CMA) de 1996, la Seguridad Alimentaria "a nivel de individuo, hogar, nación y global, se consigue cuando todas las personas, en todo momento, tienen acceso físico y económico a suficiente alimento, seguro y nutritivo, para satisfacer sus necesidades alimenticias y sus preferencias, con el objeto de llevar una vida activa y sana".

La seguridad alimentaria es la creación de estrategias para asegurar que los alimentos sean seguros para el consumo humano. Es así como la seguridad alimentaria se trata de que los alimentos no supongan un riesgo para la salud de las personas y sean saludables.

Política de seguridad alimentaria

Acorde a Carballo: "Una política de seguridad alimentaria avanza en relación con las acciones y programas específicos impulsados por las distintas áreas, al promover cinco principios rectores:

a. Intersectorialidad: acciones articuladas y coordinadas, utilizando los recursos existentes en cada sector (materiales, humanos, institucionales) del modo más eficiente, orientándolos a acciones definidas de acuerdo a una escala de prioridades establecidas en conjunto; la articulación de acciones entre diferentes sectores –salud y producción de alimentos, por ejemplo- también es necesaria en los distintos niveles (local, provincial, etc.) de un mismo sector.

b. Acciones Conjuntas entre el Estado y la sociedad: ni los gobiernos ni las organizaciones de la sociedad civil, actuando aisladamente, cuentan con condiciones para garantizar la seguridad alimentaria y nutricional de la población de forma eficaz y permanente.

c. Equidad: las desigualdades económicas, de género y étnicas, tanto como el acceso diferenciado a los bienes y servicios públicos, constituyen factores determinantes de la inseguridad alimentaria. A fin de asegurar que las acciones de los gobiernos y de la sociedad se ejecuten correctamente, deben incluirse a los distintos sectores de la sociedad en las decisiones sobre asignación de los recursos.

d. Articulación entre presupuesto y gestión: debido a que una política de seguridad alimentaria moviliza recursos administrados por sectores de los gobiernos y de la sociedad, es necesarios presupuestar los mismos, sabiendo cuánto se tiene disponible y cuánto será destinado a cada acción; cuando esas decisiones son tomadas en diferentes órganos del gobierno, sin la necesaria articulación, difícilmente se logren los objetivos, por lo que el control social es imperioso.

e. Abarcar y articular acciones estructurales y medidas para la emergencia: Una política paras la seguridad alimentaria debe incluir las dimensiones de producción de alimentos básicos, acceso, y consumo, estableciendo las relaciones entre alimento y salud, la utilización biológica del alimento, así como su utilización comunitaria y familiar; en todas esas dimensiones se pueden desenvolver acciones de carácter estructural o coyunturales. Enfocar solo lo coyuntural puede constituir una política asistencialista más; ocuparse sólo de lo estructural implica ignorar urgencias -como la de alimentación- que no admiten dilación de ninguna naturaleza, sea cual sea la causa invocada.

Las medidas estructurales, cuyo objetivo es revertir en primera instancia el cuadro de inseguridad alimentaria de los individuos, grupos sociales y del propio país, deben atacar sus causas, sean ellas políticas, económicas, sociales o culturales. Las acciones coyunturales, a su vez, deben buscar la inclusión social, por lo que su carácter temporario debe articularse con iniciativas que tiendan a romper con la dependencia de la población, desarrollando las capacidades individuales y colectivas de autoayuda.

Independientemente de su tipo, también es sumamente importante la forma en que se ejecutan este tipo de acciones coyunturales, pues, como lo demuestran numerosos programas, los procesos generados en algunos casos han posibilitado avanzar en la transición al desarrollo sustentable, mientras en otros la condicionaron profundamente al incrementar la dependencia y el clientelismo de pequeños productores y trabajadores ocupados y desocupados".

Pilares de la seguridad alimentaria

La OMS afirma que hay cuatro pilares que determinan la seguridad alimentaria: disponibilidad de alimentos, acceso a los alimentos y uso y mal uso de los alimentos. La FAO agrega un cuarto pilar: la estabilidad de las tres primeras dimensiones de la seguridad alimentaria a lo largo del tiempo.

En 2009, la Cumbre Mundial sobre Seguridad Alimentaria declaró que "los cuatro pilares de la seguridad alimentaria son la disponibilidad, el acceso, la utilización y la estabilidad".

● **Disponibilidad de alimentos**. La disponibilidad de alimentos se relaciona con el suministro de alimentos a través de la producción, distribución e intercambio. La producción de alimentos está determinada por una variedad de factores que incluyen la propiedad y el uso de la tierra; manejo del suelo; selección, reproducción y manejo de cultivos; cría y manejo de ganado; y la cosecha. La producción de cultivos puede verse afectada por los cambios en las precipitaciones y las temperaturas. El uso de la tierra, el agua y la energía para cultivar alimentos a menudo compite con otros usos que pueden afectar la producción de alimentos. La tierra utilizada para la agricultura se puede usar para la urbanización o se pierde para la desertificación, la salinización y la erosión del suelo debido a prácticas agrícolas insostenibles. La producción de cultivos no es necesaria para que un país logre la seguridad alimentaria. Las naciones no necesitan tener los recursos naturales necesarios para producir cultivos para lograr la seguridad alimentaria, como se ve en los ejemplos de Japón y Singapur.

Debido a que los consumidores de alimentos superan a los productores en todos los países, los alimentos deben distribuirse a diferentes regiones o naciones. La distribución de alimentos implica el almacenamiento, procesamiento, transporte, envasado y comercialización de alimentos. La infraestructura de la cadena alimentaria y las tecnologías de almacenamiento en las granjas también pueden afectar la cantidad de alimentos desperdiciados en el proceso de distribución. Una infraestructura de transporte deficiente puede aumentar el precio del suministro de agua y fertilizantes, así como el precio de trasladar los alimentos a los mercados nacionales y mundiales. En todo el mundo, pocos individuos u hogares son continuamente autosuficientes para la alimentación. Esto crea la necesidad de un trueque, intercambio o economía de efectivo para adquirir alimentos.

El intercambio de alimentos requiere sistemas comerciales eficientes e instituciones de mercado, que pueden afectar la seguridad alimentaria.

El suministro mundial de alimentos per cápita es más que adecuado para brindar seguridad alimentaria a todos, y por lo tanto, la accesibilidad de los alimentos es un obstáculo mayor para lograr la seguridad alimentaria.

• **Acceso.** El acceso a los alimentos se refiere a la asequibilidad y la asignación de los alimentos, así como a las preferencias de las personas y los hogares. El Comité de Derechos Económicos, Sociales y Culturales de la ONU observó que las causas del hambre y la desnutrición no suelen ser una escasez de alimentos sino una incapacidad para acceder a los alimentos disponibles, generalmente debido a la pobreza. La pobreza puede limitar el acceso a los alimentos, y también puede aumentar la vulnerabilidad de una persona o de una familia a los picos de los precios de los alimentos.

El acceso depende de si el hogar tiene ingresos suficientes para comprar alimentos a los precios vigentes o si tiene suficiente tierra y otros recursos para cultivar sus propios alimentos. Los hogares con recursos suficientes pueden superar las cosechas inestables y la escasez de alimentos locales y mantener su acceso a los alimentos.

Existen dos tipos distintos de acceso a los alimentos: el acceso directo, en el que un hogar produce alimentos utilizando recursos humanos y materiales, y el acceso económico, en el que un hogar compra alimentos producidos en otros lugares.

La ubicación puede afectar el acceso a los alimentos y en qué tipo de acceso dependerá la familia. Los activos de un hogar, incluidos los ingresos, la tierra, los productos del trabajo, las herencias y los regalos pueden determinar el acceso de un hogar a los alimentos. Sin embargo, la capacidad de acceder a alimentos suficientes puede no llevar a la compra de alimentos a través de otros materiales y servicios. La demografía y los niveles educativos de los miembros del hogar, así como el sexo del jefe del hogar, determinan las preferencias del hogar, lo que influye en el tipo de alimentos que se compran. El acceso de un hogar a alimentos suficientes y nutritivos puede no asegurar una ingesta adecuada de alimentos de todos los miembros del hogar, ya que la asignación de alimentos dentro del hogar puede no cumplir con los requisitos de cada miembro del hogar.

• **Utilización**. Se refiere al metabolismo de los alimentos por parte de los individuos. Una vez que un hogar obtiene los alimentos, una variedad de factores afectan la cantidad y calidad de los alimentos que llegan a los miembros del hogar. Para lograr la seguridad alimentaria, los alimentos ingeridos deben ser seguros y deben ser suficientes para cumplir con los requisitos fisiológicos de cada individuo. La seguridad alimentaria afecta la utilización de los alimentos y puede verse afectada por la preparación, el procesamiento y la cocción de los alimentos en la comunidad y en el hogar. Los valores nutricionales del hogar determinan la elección de los alimentos, y si los alimentos cumplen con las preferencias culturales es importante para la utilización en términos de bienestar psicológico y social.

El acceso a la atención médica es otro factor determinante de la utilización de los alimentos, ya que la salud de las personas controla cómo se metabolizan los alimentos. Por ejemplo, los parásitos intestinales pueden tomar nutrientes del cuerpo y disminuir la utilización de los alimentos. El saneamiento también puede disminuir la aparición y propagación de enfermedades que pueden afectar 8 la utilización de los alimentos. La educación sobre nutrición y preparación de alimentos puede afectar la utilización de los alimentos y mejorar este pilar de la seguridad alimentaria.

• **Estabilidad.** La estabilidad alimentaria se refiere a la capacidad de obtener alimentos a lo largo del tiempo. La inseguridad alimentaria puede ser transitoria, estacional o crónica. En la inseguridad alimentaria transitoria, los alimentos pueden no estar disponibles durante ciertos períodos de tiempo. A nivel de la producción de alimentos, los desastres naturales y la sequía provocan la pérdida de cultivos y la disminución de la disponibilidad de alimentos. Los conflictos civiles también pueden disminuir el acceso a los alimentos. La inestabilidad en los mercados que se traduce en alzas en los precios de los alimentos puede causar inseguridad alimentaria transitoria. Otros factores que pueden causar temporalmente la inseguridad alimentaria son la pérdida de empleo o la productividad, que puede ser causada por una enfermedad.

La inseguridad alimentaria estacional puede resultar del patrón regular de las temporadas de crecimiento en la producción de alimentos. La inseguridad alimentaria crónica (o permanente) se define como la falta persistente de alimentos adecuados a largo plazo. En este caso, los hogares corren un riesgo constante de no poder adquirir alimentos para satisfacer las necesidades de todos los miembros. La inseguridad alimentaria crónica y transitoria está vinculada, ya que la reincidencia de la seguridad alimentaria transitoria puede hacer que los hogares sean más vulnerables a la inseguridad alimentaria crónica.

Hay que tener en cuenta que en todos estos aspectos influyen factores como el clima, los desastres naturales, los conflictos y las guerras. En los países en desarrollo los principales problemas relacionados con la seguridad alimentaria tienen que ver con el acceso al agua potable, las dietas con bajos nutrientes esenciales y la escasez de alimentos. Sin embargo, en los países desarrollados, los problemas de la seguridad alimentaria se relacionan con deficiencias en la producción, en la manipulación o en la conservación.

¿Por qué es importante la seguridad alimentaria?

Las hambrunas han sido frecuentes en la historia mundial. Algunos han matado a millones y disminuido sustancialmente la población de un área grande. Las causas más comunes han sido la sequía y la guerra, pero las mayores hambrunas en la historia fueron causadas por la política económica. Según el Centro Internacional de Comercio y Desarrollo Sostenible, la regulación fallida de los mercados agrícolas y la falta de mecanismos antidumping causan gran parte de la escasez de alimentos y la desnutrición en el mundo. Como se puede constatar, la seguridad alimentaria brinda una mejor nutrición y calidad de vida a las personas. Si no se cuenta con un debido plan de desarrollo nutricional se impide el buen desarrollo de las personas y se evita combatir la inseguridad alimentaria.

La inseguridad alimentaria

La inseguridad alimentaria tiene importantes consecuencias, sobre todo en las personas más vulnerables como son los niños y las niñas. La Cumbre Mundial sobre la Seguridad Alimentaria de 1996 declaró que "los alimentos no deben utilizarse como un instrumento para la presión política y económica". Según el Centro Internacional de Comercio y Desarrollo Sostenible, la regulación fallida de los mercados agrícolas y la falta de mecanismos antidumping causan gran parte de la escasez de alimentos y la desnutrición en el mundo. Las hambrunas han sido frecuentes en la historia mundial. Algunos han matado a millones y disminuido sustancialmente la población de un área grande. Las causas más comunes han sido la sequía y la guerra, pero las mayores hambrunas en la historia fueron causadas por la política económica.

Causas de la inseguridad alimentaria

Existen diferentes causas que pueden ser, en conjunto o por separado, la causa de una situación de inseguridad alimentaria.

- *Escasez de agua*. Los déficits hídricos, que ya han comenzado a causar un aumento de las importaciones de granos por parte de muchos países pequeños, podrían tener el mismo efecto en países 10 grandes, como China o India. Esto debido a la sobreexplotación generalizada de los acuíferos que usan bombas mecánicas. Este tipo de prácticas podrían llevar, en estos y otros países, a problemas de escasez de agua y a la disminución de la producción agrícola.

- *Degradación del suelo*. La agricultura intensiva a menudo conduce a un círculo vicioso de agotamiento de la fertilidad del suelo y la caída de los rendimientos de los cultivos. Se estima que aproximadamente el 40% de las tierras agrícolas del mundo están gravemente degradadas.

- *Contaminación atmosférica*. La contaminación del aire puede reducir la producción y calidad de los alimentos. La contaminación por ozono, aumentada por las emisiones de gases de efecto invernadero de fábricas, automóviles y otras fuentes, es otro factor que puede reducir la producción de alimentos básicos en la agricultura.

● *Cambio climático.* Se pronostica que los eventos extremos, como las sequías y las inundaciones, aumentarán a medida que el cambio climático y el calentamiento global se afianzan. De acuerdo con el informe Climate and Development Knowledge Network (Gestión de conocimientos sobre el desarrollo y el clima), los efectos incluirán cambios en la productividad y los patrones de vida, pérdidas económicas y efectos en la infraestructura, los mercados y la seguridad alimentaria. La seguridad alimentaria en el futuro estará vinculada a nuestra capacidad para adaptar los sistemas agrícolas a eventos extremos.

● *Enfermedad agrícola.* Las enfermedades que afectan el ganado o los cultivos pueden tener efectos devastadores en la disponibilidad de alimentos, especialmente si no existen planes de contingencia. Por ejemplo, la roya del trigo que puede causar hasta el 100% de pérdidas en los cultivos, está presente en los campos de trigo en varios países de África y Oriente Medio y se prevé que se extienda rápidamente a través de estas regiones y posiblemente más lejos, potencialmente causando un desastre en la producción de trigo que afectaría la seguridad alimentaria en todo el mundo.

● *Responsabilidad del gobierno.* Los gobiernos a veces tienen una base estrecha de apoyo, construida sobre el continuismo y el patrocinio. Fred Cuny señaló en 1999 que bajo estas condiciones: La distribución de alimentos dentro de un país es un tema político. Los gobiernos en la mayoría de los países dan prioridad a las áreas urbanas, ya que es donde suelen ubicarse las familias y empresas más influyentes y poderosas. El gobierno a menudo descuida a los agricultores de subsistencia y las áreas rurales en general. Mientras más remota y subdesarrollada sea el área, menos probable será que el gobierno satisfaga sus necesidades. Muchas políticas agrarias, especialmente la fijación de precios de los productos agrícolas, discriminan a las áreas rurales.

Efectos de la inseguridad alimentaria:

La escasez y el hambre están arraigados en la inseguridad alimentaria. La inseguridad alimentaria crónica se traduce en un alto grado de vulnerabilidad ante el hambre y la escasez; asegurar la seguridad alimentaria presupone la eliminación de esa vulnerabilidad.

- **Deficiencias nutricionales crónicas.** Muchos países experimentan una continua escasez de alimentos y problemas de distribución. Esto resulta en hambre crónica ya menudo generalizada entre un número significativo de personas. Las poblaciones humanas pueden responder al hambre crónica y la desnutrición disminuyendo el tamaño corporal, conocido en términos médicos como retraso en el crecimiento o retraso en el crecimiento. Este proceso comienza en el útero si la madre está desnutrida y continúa durante aproximadamente el tercer año de vida. Conduce a una mayor mortalidad infantil y de bebés, pero a tasas mucho más bajas que durante las hambrunas. Una vez que se produce el retraso en el crecimiento, la mejora de la ingesta nutricional después de unos dos años no puede revertir el daño. El retraso en el crecimiento en sí puede verse como un mecanismo de afrontamiento, que alinea el tamaño del cuerpo con las calorías disponibles durante la edad adulta en el lugar donde nace el niño. La limitación del tamaño corporal como una forma de adaptarse a bajos niveles de energía (calorías) afecta negativamente a la salud de tres maneras:

1. Fallo prematuro de los órganos vitales durante la edad adulta. Por ejemplo, un individuo de 50 años puede morir de insuficiencia cardíaca porque su corazón sufrió defectos estructurales durante el desarrollo temprano;

2. Los individuos atrofiados sufren una tasa más alta de enfermedad y enfermedad que aquellos que no han sufrido retraso en el crecimiento;

3. La malnutrición grave en la primera infancia a menudo conduce a defectos en el desarrollo cognitivo. Por lo tanto, crea disparidad entre los niños que no sufrieron desnutrición grave y los que la padecen.

• **Muertes por disentería.** Según datos de la Organización Mundial de la Salud (OMS) las enfermedades diarreicas son la segunda mayor causa de muerte de niños menores de cinco años y matan a 525.000 niños menores de cinco años cada año. Lo más importante es que se pueden prevenir favoreciendo el acceso al agua potable y a servicios adecuados de saneamiento e higiene.

• **Reducción del rendimiento escolar.** Cuando un niño o una niña no recibe alimentos y nutrientes adecuados, su rendimiento escolar se reduce, muestra fatiga, desinterés y cansancio.

• **Efectos en la salud a largo plazo.** La inseguridad alimentaria puede producir enfermedades crónicas que afecten a los niños y niñas durante toda su vida.

• **Retraso en el crecimiento.** Los niños y niñas que no reciben una alimentación adecuada debido a la inseguridad alimentaria pueden sufrir retrasos en el crecimiento y no alcanzar el peso y la altura que corresponde a su edad.

Medición de la seguridad alimentaria

La seguridad alimentaria se puede medir por la ingesta de calorías por persona por día, disponible en un presupuesto familiar. En general, el objetivo de los indicadores y medidas de seguridad alimentaria es capturar algunos o todos los componentes principales de la seguridad alimentaria en términos de disponibilidad, acceso y utilización o adecuación de los alimentos. Si bien la disponibilidad (producción y suministro) y la utilización / adecuación (estado nutricional / medidas antropométricas) parecían mucho más fáciles de estimar, por lo tanto, más populares, el acceso (capacidad de adquirir suficiente cantidad y calidad) sigue siendo en gran medida difícil de alcanzar. Los factores que influyen en el acceso a los alimentos en los hogares a menudo son específicos del contexto.

Se han desarrollado varias medidas que apuntan a capturar el componente de acceso de la seguridad alimentaria, con algunos ejemplos notables desarrollados por el proyecto de Asistencia Técnica en Nutrición y Alimentos (FANTA) financiado por la USAID, en colaboración con la Universidad de Cornell y Tufts y Africare and World Vision. Éstas incluyen:

- *Escala de acceso a la inseguridad alimentaria de los hogares: medida continua del grado de inseguridad alimentaria (acceso) en el hogar en el mes anterior.*

- *Escala de diversidad dietética en el hogar: mide el número de diferentes grupos de alimentos consumidos durante un período de referencia específico (24hrs/48hr /7days).*

- *Escala de hambre en el hogar: mide la experiencia de la privación de alimentos en el hogar basada en un conjunto de reacciones predecibles, capturada a través de una encuesta y resumida en una escala.*

- *El índice de estrategias de afrontamiento: evalúa los comportamientos de los hogares y los clasifica según un conjunto de comportamientos establecidos variados sobre cómo los hogares enfrentan la escasez de alimentos. La metodología para esta investigación se basa en la recopilación de datos en una sola pregunta: "¿Qué haces cuando no tienes suficiente comida y no cuentas con suficiente dinero para comprarla?".*

Género, niñez y seguridad alimentaria

El 29 de abril de 2008, un informe de UNICEF en el Reino Unido encontró que los niños más pobres y vulnerables del mundo son los más afectados por el cambio climático. El informe, "Nuestro clima, nuestros niños, nuestra responsabilidad: Las implicaciones del cambio climático para los niños del mundo", dice que el acceso al agua potable y los suministros de alimentos será más difícil, especialmente en África y Asia. La inseguridad alimentaria en los niños puede llevar a problemas de desarrollo y consecuencias a largo plazo, como un desarrollo físico, intelectual y emocional debilitado. La inseguridad alimentaria también se relaciona con la obesidad para las personas que viven en vecindarios donde los alimentos nutritivos no están disponibles o son inasequibles.

En cuanto a lo relacionado a la desigualdad de género, éste conduce y es el resultado de la inseguridad alimentaria. Según las estimaciones, las mujeres y las niñas representan el 60% del hambre crónica en el mundo y se ha avanzado poco en garantizar la igualdad de derechos para las mujeres consagradas en la Convención sobre la eliminación de todas las formas de discriminación contra la mujer. Las mujeres enfrentan discriminación tanto en la educación como en las oportunidades de empleo y dentro del hogar, donde su poder de negociación es menor. El empleo de las mujeres es esencial no solo para promover la igualdad de género dentro de la fuerza laboral, sino también para garantizar un futuro sostenible, ya que significa menos presión para las altas tasas de natalidad y la migración neta. Por otro lado, la igualdad de género se describe como un instrumento para acabar con la desnutrición y el hambre.

Las mujeres tienden a ser responsables de la preparación de alimentos y el cuidado de los niños dentro de la familia y es más probable que gasten sus ingresos en alimentos y en las necesidades de sus hijos. Las mujeres también desempeñan un papel importante en la producción, procesamiento, distribución y comercialización de alimentos. A menudo trabajan como trabajadores familiares no remunerados, participan en la agricultura de subsistencia y representan aproximadamente el 43% de la fuerza laboral agrícola en los países en desarrollo, variando desde el 20% en América Latina hasta el 50% en Asia oriental y sudoriental y el África subsahariana. Sin embargo, las mujeres enfrentan discriminación en el acceso a la tierra, el crédito, las tecnologías, las finanzas y otros servicios. Los estudios empíricos sugieren que, si las mujeres tuvieran el mismo acceso a los recursos productivos que los hombres, las mujeres podrían aumentar sus rendimientos en un 20-30%; Aumentar la producción agrícola general en los países en desarrollo en un 2.5 a 4%. Si bien esas son estimaciones aproximadas, no se puede negar el beneficio significativo de cerrar la brecha de género en la productividad agrícola. Los aspectos de género de la seguridad alimentaria son visibles a lo largo de los cuatro pilares de la seguridad alimentaria: disponibilidad, acceso, utilización y estabilidad, según lo define la Organización para la Agricultura y la Alimentación.

Uso de alimentos genéticamente modificados

Una de las técnicas más prometedoras para garantizar la seguridad alimentaria mundial es el uso de cultivos modificados genéticamente. El genoma de estos cultivos puede modificarse para abordar uno o más aspectos de la planta que pueden estar impidiendo que se cultive en diversas regiones bajo ciertas condiciones. Muchas de estas alteraciones pueden abordar los desafíos que se mencionaron anteriormente, incluida la crisis del agua, la degradación de la tierra y el clima siempre cambiante.

En la agricultura y la ganadería, la Revolución Verde popularizó el uso de la hibridación convencional para aumentar el rendimiento mediante la creación de "variedades de alto rendimiento". A menudo, el puñado de razas hibridadas se originó en países desarrollados y se hibridó aún más con variedades locales en el resto del mundo en desarrollo para crear cepas de alto rendimiento resistentes al clima local y las enfermedades.

El análisis del informe sobre los alimentos genéticamente modificados y el papel de la agroindustria demuestra dos importantes áreas en las que los alimentos se conciben como una mercancía puramente económica, y el desarrollo sostenible se apropia de una comprensión neoliberal de la globalización. En lo que respecta a los alimentos modificados genéticamente, el Banco Mundial sugiere que los cultivos modificados genéticamente encierran un gran potencial para el desarrollo en favor de los pobres. Aunque es necesario evaluar los riesgos y beneficios de estas tecnologías, y los países deberían tener la libertad de decidir si quieren desplegar estas tecnologías, el Banco Mundial hace hincapié en la forma en que estas tecnologías han beneficiado a muchos países en desarrollo. La retórica empleada en el informe es de boquilla para contrarrestar los argumentos sobre el uso de alimentos genéticamente modificados, pero en última instancia pone de relieve el potencial de estas tecnologías para alimentar a los pobres del mundo.

El simple hecho de ofrecer a los países la "opción" de utilizar o no estas tecnologías evita que se cuestionen las circunstancias en las que los países y sus agricultores rurales están tomando estas decisiones. Si estas personas no están informadas sobre los posibles peligros y riesgos de los alimentos modificados genéticamente, como, por ejemplo, cómo los riesgos para la salud siguen siendo objeto de controversia, cómo los alimentos modificados genéticamente requieren más capital e insumos químicos intensivos, y cómo las semillas modificadas genéticamente reducen la biodiversidad, es posible que no comprendan plenamente las implicaciones de la utilización de estas tecnologías.

La visión del Banco para la Agroindustria sigue una línea de razonamiento similar. Las tendencias actuales de concentración del poder de los agronegocios y el control de los mercados han revolucionado la forma en que los agronegocios influyen en la cadena de suministro de alimentos; la producción, distribución y comercialización; y la disponibilidad de alimentos de importancia cultural. Aunque el Banco reconoce la necesidad de incorporar a los productores en pequeña escala, así como de hacer cumplir la responsabilidad empresarial, su énfasis final está en cómo integrar a los productores en pequeña escala en los mercados más grandes. Este enfoque subestima la influencia de las enormes empresas transnacionales de los agronegocios. La consolidación empresarial emergente de las semillas, los fertilizantes químicos y los plaguicidas está socavando rápidamente la capacidad de los pequeños agricultores para competir tanto en sus mercados locales como en los mercados estatales e internacionales más grandes. En resumen, la consolidación del control empresarial en la agricultura y las industrias químicas, que en gran medida no es impugnada por el banco, socava la capacidad de los agricultores familiares y campesinos para, por un lado, elegir los cultivos que desean cultivar y, por otro, mantener el control sobre sus industrias agrícolas locales. Estas tendencias en los cultivos genéticamente modificados y la agroindustria representan dos esferas en las que el Banco sigue socavando la difícil situación de los agricultores rurales y en pequeña escala. Además, las prácticas de la agroindustria son completamente ajenas a los métodos del movimiento campesino. Para poner de relieve estos temas, el estudio monográfico "Biocombustibles: La nueva manipulación", ilustra cómo la monopolización y la comercialización corporativas intentan reinscribir los temas del desarrollo sostenible y la protección del medio ambiente en la lógica empresarial del capitalismo. A continuación de este estudio de caso hay otro sobre el movimiento MST en Brasil. Este movimiento es particularmente importante en la medida en que encarna muchos de los mismos temas promovidos por los activistas de la soberanía alimentaria y sirve de ejemplo de un movimiento social que está adoptando medidas radicales para promover sus demandas.

Oposición a los alimentos transgénicos

Algunos científicos cuestionan la seguridad de la biotecnología como una panacea; Los agro ecólogos Miguel Altieri y Peter Rosset han enumerado diez razones por las cuales la biotecnología no garantiza la seguridad alimentaria, protege el medio ambiente ni reduce la pobreza. Las razones incluyen:

● no existe una relación entre la prevalencia del hambre en un país determinado y su población.

● la mayoría de las innovaciones en biotecnología agrícola han sido impulsadas por el beneficio más que por la necesidad.

● la teoría ecológica predice que la homogeneización a gran escala del paisaje con cultivos transgénicos agravará los problemas ecológicos ya asociados con el monocultivo agrícola.

● y que gran parte de los alimentos necesarios pueden ser producidos por pequeños agricultores ubicados en todo el mundo utilizando las tecnologías agroecológicas existentes.

Argumentos a favor de los alimentos tránsgenicos

Existen muchas historias de éxito de cultivos transgénicos, principalmente en países desarrollados como Estados Unidos, China y varios países de Europa. Los cultivos transgénicos comunes incluyen algodón, maíz y soja, todos los cuales se cultivan en América del Norte y del Sur, así como en regiones de Asia. Los cultivos de algodón modificados, por ejemplo, se han alterado de manera que son resistentes a las plagas, se pueden cultivar en condiciones de calor más extremo, frío o sequía, y producen fibras más largas y fuertes para usar en la producción textil.

El papel de las agencias internacionales en la seguridad alimentaria

El Comité Permanente de Nutrición del Sistema de las Naciones Unidas (UNSCN) fue constituido en 1977 por el Consejo Económico y Social de las Naciones Unidas (ECOSOC) con el fin de avanzar en la labor interinstitucional de las Naciones Unidas en la esfera de la nutrición. Entonces, al igual que ahora, el cometido específico del UNSCN consistía en ocuparse de la dirección, la escala, la coherencia y la repercusión de la respuesta del sistema de las Naciones Unidas a los problemas nutricionales del mundo.

Las funciones del UNSCN, descritas en su Plan Estratégico 2016-2020, son:

• Proporcionar orientación estratégica mundial en el ámbito de la nutrición y abogar por ella para asegurar el compromiso y las inversiones en los niveles más altos y garantizar los avances en el logro de la seguridad nutricional para todos;

• Mejorar el diálogo y las asociaciones fomentando, en el ámbito de la nutrición, medidas conjuntas, alianzas y la mutua rendición de cuentas entre organismos de las Naciones Unidas;

• Armonizar conceptos, incluidas metodologías y directrices, políticas y estrategias en respuesta a las necesidades nutricionales de los países;

• Facilitar el intercambio de conocimientos sobre prácticas, herramientas y necesidades, acentuando la coherencia de la agenda mundial sobre nutrición y bienes públicos y determinando los problemas emergentes;

• Informar sobre las tendencias, los avances y los resultados a nivel mundial y mejorar la promoción mundial a través de redes y plataformas;

- Practicar y facilitar el diálogo con actores involucrados en los sectores de la salud, la seguridad alimentaria, el agua y el saneamiento y la protección social para reforzar las medidas relativas a la nutrición e incorporar este tema en las políticas de desarrollo.

El programa mundial de alimentos (WFP)

Cuando ocurren desastres naturales o causados por el hombre, la ayuda alimentaria no es la única prioridad. También se necesita urgentemente agua, higiene y alojo de emergencia, por eso el Programa Mundial de Alimentos (WFP) trabaja codo a codo con otras organizaciones internacionales, incluyendo agencias especializadas de la ONU. A su vez, también se necesitan recursos no alimenticios para proyectos de desarrollo.

El WFP se coordina junto con otras agencias de la ONU, frecuentemente mediante el Marco de Asistencia de las Naciones Unidas para el Desarrollo, para que sus esfuerzos se complementen entre sí. Agencias tales como la Organización Internacional del Trabajo (OIT), la Organización Mundial de la Salud (OMS), la UNESCO y el Fondo de las Naciones Unidas para la Infancia (UNICEF), ofrecen asistencia técnica en sus áreas específicas de experiencia. En países donde se distribuyen alimentos a refugiados o a personas desplazadas internamente, se cuenta con una asociación operativa sólida con el Alto Comisionado de las Naciones Unidas para los Refugiados (ACNUR).

El trabajo político y de promoción que llevan a cabo las oficinas del WFP en Nueva York y Bruselas apoya a las asociaciones en el terreno, centrándose en las relaciones con otras agencias de la ONU y sus Estados miembros, y con instituciones europeas respectivamente.

Organización de las Naciones Unidas para la Alimentación y la Agricultura (FAO)

La Organización de las Naciones Unidas para la Alimentación y la Agricultura (FAO por sus siglas en inglés), es la principal organización mundial dedicada a combatir el hambre. Brinda asistencia técnica para la elaboración de políticas, programas y proyectos de alcance local, municipal, regional y nacional orientados a eliminar el hambre y la malnutrición; promover sus sectores agrícola, pesquero y forestal; promocionar la agricultura familiar; orientar en materia de sanidad animal y vegetal y fortalecer las comunidades de diferentes zonas agroecológicas para que potencien y conserven su patrimonio alimentario y nutricional en beneficio de las generaciones presentas y futuras.

La FAO tiene como mandato mejorar la nutrición, aumentar la productividad agrícola, elevar el nivel de vida de la población rural y contribuir al crecimiento de la economía mundial para que ninguna niña, niño, hombre o mujer tenga que vivir con hambre ni sufrir la inseguridad alimentaria. Además, la FAO trabaja para garantizar la inocuidad de los alimentos, asegurando una alimentación equilibrada y nutritiva; promoviendo de forma paralela la utilización sostenible de los recursos naturales. La FAO apoya a los países brindando:

- Asesoramiento al Gobierno para la gestión de políticas agrícolas, programas y estrategias nacionales orientadas a reducir la inseguridad alimentaria.

- Asistencia técnica a través de sus proyectos y la capacitación a los beneficiarios en diversos campos: agropecuario, pesquero, forestal y recursos naturales, entre otros.

- Estadísticas e información, mediante información especializada que ayuda a los gobiernos del mundo y a las comunidades nacionales a luchar contra el hambre y a garantizar la nutrición. La FAO disemina información sobre los precios de los alimentos, estudiando las principales causas y tendencias del hambre. Asimismo, analiza y difunde información recopilada de los países en materia de alimentación, agricultura, bosques, pesca, plagas, enfermedades transfronterizas, agua, tierras, entre otros.

- Atención de emergencias, a través de la Unidad de Coordinación de Emergencias y Rehabilitación (UCER) brinda apoyo al país en la prevención de catástrofes, el establecimiento de sistemas de manejo de riesgos, la evaluación de daños y la rehabilitación del sector agrícola.

El Fondo Internacional de Desarrollo Agrícola (FIDA)

Desde su creación en 1977, el Fondo Internacional de Desarrollo Agrícola (FIDA) se ha centrado en la reducción de la pobreza rural, en trabajar con poblaciones rurales pobres en países en desarrollo con el fin de eliminar la pobreza, el hambre y la malnutrición; en aumentar su productividad y sus ingresos y en mejorar su calidad de vida.

El FIDA es una institución financiera internacional y un organismo especializado de las Naciones Unidas con sede en Roma. Desde 1978, ha destinado USD 224,000 millones de dólares de los Estados Unidos en donaciones y préstamos a bajo interés a proyectos que han beneficiado a unos 512 millones de personas.

Modelos de Gobernanza para la cadena de valor de los alimentos

La cadena de valor es un eslabonamiento de actividades que muestran desde la producción hasta la entrega final del producto al consumidor, considerando las diversas actividades intermedias de producción que necesitan ser vinculadas (Kaplinsky y Morris, 2009). A cada una de las etapas – concepción y diseño, producción del bien o servicio, tránsito de la mercancía, consumo y manejo, y reciclaje final- se les denomina eslabones. La cantidad de eslabones de una cadena de valor varía de manera sustancial según el tipo de industria. Las actividades de la cadena a veces se llevan a cabo por una empresa y en otras, por varias (Kaplinsky, 2000).

¿Qué es una cadena de valor de alimentos?

De acuerdo a Neven, (2015, p, 8): "*... una cadena de valor alimentaria sostenible (CVAS) se define de la siguiente manera: Todas aquellas explotaciones agrícolas y empresas, así como las posteriores actividades que de forma coordinada añaden valor, que producen determinadas materias primas agrícolas y las transforman en productos alimentarios concretos que se venden a los consumidores finales y se desechan después de su uso, de forma que resulte rentable en todo momento, proporcione amplios beneficios para la sociedad y no consuma permanentemente los recursos naturales...*". Una cadena de valor alimentaria (CVA) se compone de todas las partes interesadas que participan en las actividades coordinadas de producción y adición de valor necesarias para elaborar productos alimentarios.

Una cadena de valor alimentaria sostenible es una cadena de valor alimentaria que:

- resulta rentable en todas sus etapas (sostenibilidad económica);

- proporciona amplios beneficios para la sociedad (sostenibilidad social);

- tiene una repercusión positiva o neutra en el entorno natural (sostenibilidad medioambiental).

Principios del desarrollo de cadenas de valor alimentarias sostenibles

Estos se clasificacn en tres grandes universos de acuerdo a su rendimiento, siendo:

Medición del rendimiento

Principio 1: Económicamente sostenible (rentable)

Principio 2: Socialmente sostenible (incluyente)

Principio 3: Sostenible para el medioambiente (ecológico)

Comprensión del rendimiento

Principio 4: Basado en sistemas dinámicos

Principio 5: Centrado en la gobernanza

Principio 6: Impulsado por mercados finales

Mejora del rendimiento

Principio 7: Impulsado por la visión/estrategia

Principio 8: Centrado en la mejora

Principio 9: Ampliable

Principio 10: Multilateral

La primera fase del desarrollo de cadenas de valor alimentarias sostenibles es la "medición del rendimiento". En esta fase, se evalúa una cadena de valor teniendo en cuenta los resultados económicos, sociales y medioambientales que efectivamente proporciona en relación con una visión inicial de lo que podría ofrecer en el futuro (principio 1, 2 y 3). Las medidas del del desarrollo de cadenas de valor alimentarias sostenibles deberían abordar las cadenas de valor en las que es mayor la brecha entre el rendimiento real y potencial.

La segunda fase del desarrollo de cadenas de valor alimentarias sostenibles es la "comprensión del rendimiento". En ella se determinan los principales factores impulsores del rendimiento (o las causas profundas del rendimiento deficiente) tomando en consideración tres aspectos clave: cómo están relacionadas las partes interesadas en las cadenas de valor y sus actividades entre sí y con sus entornos económicos, sociales y naturales (Principio 4), qué impulsa el comportamiento de las partes interesadas a nivel individual en sus interacciones empresariales (Principio 5), y cómo se determina el valor en los mercados finales (Principio 6).

La tercera fase del desarrollo de cadenas de valor alimentarias sostenibles es la "mejora del rendimiento". En esta fase, se sigue una secuencia lógica de acciones:

elaborar, sobre la base del análisis llevado a cabo en la segunda fase, una visión específica y realista y una estrategia asociada de desarrollo de la cadena de valor básica que las partes interesadas acuerden (Principio 7), y seleccionar las actividades de mejora y las asociaciones multilaterales que respalden la estrategia y puedan lograr verdaderamente el grado de repercusión previsto (principios 8, 9 y 10).

Fase 1: Medición del rendimiento de las cadenas de valor alimentarias: Principios de sostenibilidad

Los tres primeros principios en los que se basa el desarrollo de cadenas de valor alimentarias sostenibles están relacionados con la medición del rendimiento de las cadenas de valor desde el punto de vista de las tres dimensiones de la sostenibilidad: económica, social y medioambiental. Estas dimensiones son tres esferas diferenciadas con un orden natural en cuanto a tiempo y prioridad:

1. Desde el punto de vista de la sostenibilidad económica (competitividad, viabilidad comercial y crecimiento), el modelo de cadenas de valor mejorado debería incrementar (o al menos no disminuir) las ganancias o ingresos relativos al estatus quo de cada parte interesada, los cuales se deberían mantener en el tiempo. Todas las partes interesadas a lo largo de las cadenas de valor deben obtener beneficios, de lo contrario este modelo no será sostenible ni siquiera a corto plazo.

2. Desde el punto de vista de la sostenibilidad social (inclusión, equidad, normas sociales e instituciones y organizaciones sociales), el modelo de cadenas de valor mejorado debería generar valor adicional (ganancias adicionales, en particular respecto de los ingresos salariales) que beneficie a un número suficientemente elevado de hogares pobres, que se distribuya equitativamente a lo largo de la cadena (de forma proporcional al valor añadido creado) y que no tenga repercusiones que pudieran considerarse socialmente inaceptables. En otras palabras, todas las partes interesadas (agricultores y elaboradores, jóvenes y

mayores, hombres y mujeres, etc.) deberían tener el convencimiento de que reciben la parte justa que les corresponde (beneficio mutuo) y de que no existen prácticas socialmente cuestionables tales como condiciones laborales no saludables, trabajo infantil, maltrato de los animales ni violaciones de tradiciones culturales arraigadas. Si no fuera así, el modelo no sería sostenible a medio plazo.

3. Desde el punto de vista de la sostenibilidad medioambiental, el modelo de cadenas de valor mejorado debería crear valor adicional sin consumir de forma permanente los recursos naturales (agua, suelo, aire, flora, fauna etc.). Si no fuera así, el modelo no sería sostenible a largo plazo.

Fase 2: Comprensión del rendimiento de las cadenas de valor alimentarias: Principios analíticos

A diferencia de muchos otros enfoques para el crecimiento, el desarrollo de las cadenas de valor adopta una perspectiva integral que permite identificar las causas profundas e interrelacionadas por las que no se están aprovechando las oportunidades que ofrecen los mercados finales. La identificación de estas causas profundas requiere fundamentalmente una interpretación particularmente amplia y dinámica del paradigma estructura-conducta-resultado (Bain, 1956). Este paradigma requiere un conocimiento profundo de la estructura del sistema, de cómo influye está en el comportamiento de las distintas partes interesadas y de cómo todo ello deriva en un rendimiento general que cambia la estructura del sistema a lo largo del tiempo. Los principios 4, 5 y 6 constituyen la base de la fase analítica del desarrollo de las cadenas de valor alimentarias.

Fase 3: Mejora del rendimiento de las cadenas de valor alimentarias: Principios de diseño

Los primeros seis principios describen ampliamente el rendimiento de las cadenas de valor en términos generales. Los siguientes cuatro principios guían el proceso por el que un conocimiento claro y detallado del rendimiento actual de la cadena alimentaria se puede traducir en programas eficaces y eficientes que respalden o faciliten su desarrollo.

Este proceso se divide en tres fases:

- *establecimiento de objetivos claros (visión) y elaboración de un enfoque para lograr el objetivo (estrategia de competitividad básica);*

- *elaboración de un plan de acción para mejorar la CV desde el punto de vista técnico, institucional u organizativo, que permita lograr resultados a gran escala;*

- *diseño y puesta en marcha de un sistema de seguimiento y evaluación que supervise de forma continua el rendimiento con respecto a la visión y que permita realizar adaptaciones donde y cuando sea necesario.*

Tipologías de las cadenas de valor

Existen diferentes tipologías para clasificar las cadenas de valor. Estas son diversas y complejas. A continuación, se detallan cuatro de estas tipologías:

- Por el número de actores involucrados. Cada cadena se distingue por el número de actores involucrados. A título ilustrativo, quienes participan en las cadenas de valor de la industria automovilística necesitan adquirir numerosos productos o bienes intermedios diferentes, obtenidos a partir de una red extendida de proveedores. En otros casos, como en el rubro de hierbas y especias, si bien pueden existir muchos productores diferentes, todos proporcionan un tipo de producto similar; en cambio, en la cadena de producción mineral a menudo hay pocos proveedores.

- *Por los actores que determinan su gobernanza.* En primer lugar, cabe distinguir entre las cadenas de valor dominadas por el comprador (buyer-driven) y las dominadas por el proveedor (supplier-driven). Hay otras formas de gobernanza, por ejemplo, con estructuras de gobierno muy poco coordinadas, estructuras comerciales basadas en el mercado, intensamente coordinadas o integradas verticalmente (Gereffi, 1994).

• *Por su alcance geográfico*. Se diferencian las cadenas de valor nacionales, donde los productos sólo se comercializan en el país donde se elaboran, de las cadenas regionales y globales de valor, donde el producto es procesado y comercializado en países distintos.

• *Por el grado de transformación del producto*. Ciertos productos, como las frutas frescas, precisan pocos pasos de transformación en las cadenas de valor. En cambio, otros bienes, como el algodón, pueden recorrer muchas etapas de procesamiento. El grado de transformación se halla estrechamente relacionado también con el nivel de sofisticación de la tecnología utilizada. En algunas cadenas de valor son suficientes los conocimientos tradicionales (ciertas producciones artesanales), mientras que en otras se emplean tecnologías avanzadas (es el caso de la industria de los semiconductores).

Un elemento fundamental de las cadenas de valor básicas es su estructura de gobernanza. El término "gobernanza" hace referencia a la naturaleza de los vínculos entre actores en etapas concretas de la cadena (vínculos horizontales) y también dentro de la cadena en general (vínculos verticales). Asimismo, hace referencia a elementos tales como el intercambio de información, la determinación de precios, las normas, los sistemas de pago, los contratos con o sin servicios incluidos, el poder de mercado, las principales empresas, los sistemas de mercado al por mayor, etc.

Los actores de la cadena de valor reciben el respaldo de proveedores de apoyo al desarrollo empresarial; estos no son propietarios del producto, pero desempeñan una función esencial en la facilitación del proceso de creación de valor. Junto a los actores de las cadenas de valor, estos proveedores de apoyo representan las cadenas de valor ampliadas.

Se pueden distinguir tres tipos principales de proveedores de apoyo:

- proveedores de insumos físicos, como semillas en el nivel de producción o materiales de envasado en el nivel de elaboración;

- proveedores de servicios no financieros, como fumigación de terrenos, almacenamiento, transporte, análisis de laboratorio, capacitación en materia de gestión, investigación de mercado y elaboración;

- proveedores de servicios financieros, que son independientes de otros servicios debido a la función esencial que desempeña el capital de explotación y el capital de inversión a la hora de orientar las cadenas de valor hacia el crecimiento sostenido.

En la práctica, los tres tipos de apoyo los puede proporcionar de forma conjunta un único proveedor (por ejemplo, semillas y fertilizantes, asegurados y a crédito, con servicios de extensión integrados). Estos proveedores de apoyo pueden ser organizaciones del sector privado, del sector público o de la sociedad civil y pueden formar parte directamente de la estructura de gobernanza (por ejemplo, servicios integrados en contratos de subcontratación).

Gobernanza de una cadena de valor

Se refiere a los determinantes de la conducta de los agentes de la cadena, sobre la base de distintos tipos de relaciones y reglas explícitas y tácitas, que rigen entre ellos. En concreto, la gobernanza de una cadena de valor condiciona aspectos como la estructura sobre la que actúan los agentes, los miembros que ejercen el mayor poder e influencia, el sistema de incentivos, las regulaciones que se ejercen sobre los miembros de la cadena, las tradiciones relativas a las formas de producción y el impacto de la transferencia de nuevas tecnologías (Padilla Pérez, 2014).

En los análisis de Gereffi, Humphrey y Sturgeon (2005) se distinguen cinco tipos de gobernanza en las cadenas de valor, que se diferencian por tres atributos: la complejidad de la información y el conocimiento exigido para sostener una transacción según las especificaciones del producto y del proceso; el grado en que dicha información y conocimiento pueden codificarse y, de esa manera, transmitirse eficientemente sin una inversión específica de las partes para la transacción, y las capacidades de los proveedores actuales y potenciales en relación con los requisitos de la transacción.

Los tipos de gobernanza que reconocen los autores son:

i)   mercados, donde las empresas y los individuos compran y venden productos con poca interacción, más allá del intercambio de bienes y servicios;

ii)   cadenas de valor modulares, en que los proveedores fabrican productos o prestan servicios de acuerdo con las especificaciones del cliente;

iii) cadenas de valor relacionales, en que un conjunto relativamente pequeño de empresas localizadas interactúa y comparten intensivamente conocimientos con apoyo de los socios de la cadena global de valor;

iv)   las cadenas de valor en "cautiverio", donde los pequeños proveedores tienden a ser dependientes de grandes compradores, que a su vez ejercen un alto grado de vigilancia y control, y

v)   jerárquica, que se caracteriza por la integración vertical, esto es, por "transacciones" que tienen lugar dentro de una sola empresa y sus subsidiarias y que cuentan con un tipo de gobernanza dominante (Padilla, Oddone).

TIPOS DE GOBERNANZA EN LAS CADENAS DE VALOR Y SUS CARACTERÍSTICAS CENTRALES

Tipo de gobernanza	Características	Complejidad de las transacciones	Habilidad para codificar transacciones	Capacidades en la base de proveedores	Grado de coordinación explícita y asimetrías de poder
Mercados	Los vínculos de mercado no son necesariamente transitorios (donde se compra con pago inmediato, en efectivo), como suele ocurrir en los mercados de "contado" sino que pueden repetirse en el tiempo con reiteradas transacciones. El aspecto fundamental es que los costos de cambiar hacia nuevos socios son bajos para ambas partes.	Baja	Alta	Alta	Baja
Cadenas de valor modulares	Los proveedores elaboran productos según especificaciones detalladas de los clientes. No obstante, cuando proporcionan los llamados servicios "llave en mano", los proveedores toman la responsabilidad por las competencias que rodean a las tecnologías de proceso, utilizan maquinaria genérica que limita las inversiones sobre la transacción y realizan gastos de capital para componentes por cuenta de los clientes.	Alta	Alta	Alta	
Cadenas de valor relacionales	Redes donde existen interacciones complejas de vendedores y compradores, que suelen crear dependencias mutuas y altos niveles de especificación de bienes. Esa complejidad se gestiona a través de la reputación, la familia o vínculos étnicos.	Alta	Baja	Alta	
Cadenas de valor "cautivas"	En estas redes los pequeños proveedores dependen de las transacciones de grandes compradores, y ello los convierte en cautivos porque sufragan costos elevados de cambio. Estas redes se distinguen por un alto grado de seguimiento y control de las empresas líderes.	Alta	Alta	Baja	
Jerarquías	Forma de gobernanza caracterizada por la integración vertical y el control gerencial, que se ejerce desde los gerentes hacia los subordinados o desde las casas matrices hacia sus subsidiarias o afiliados.	Alta	Baja	Baja	Alta

Fuente: Elaboración de Stezano (2013) sobre la base de Gereffi et al. (2005).

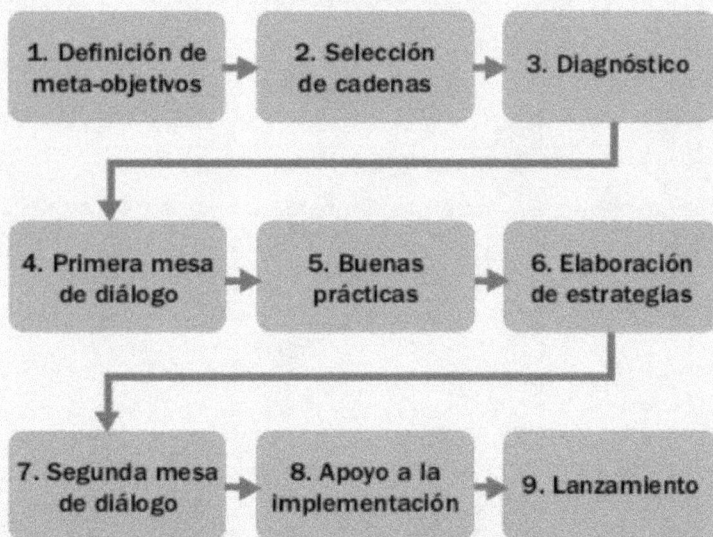

METODOLOGÍA PARA EL FORTALECIMIENTO DE CADENAS DE VALOR

1. Definición de meta-objetivos → 2. Selección de cadenas → 3. Diagnóstico

4. Primera mesa de diálogo → 5. Buenas prácticas → 6. Elaboración de estrategias

7. Segunda mesa de diálogo → 8. Apoyo a la implementación → 9. Lanzamiento

Fortalecimiento de las cadenas de valor

1. *El primer paso es la definición de meta-objetivos.* Éstos se entienden como la finalidad última, en materia de desarrollo económico y social, que se persigue con el fortalecimiento de la cadena. Se espera que los meta-objetivos estén alineados con el plan nacional de desarrollo y las políticas públicas relevantes, como la industrial y la de ciencia, tecnología e innovación. Algunos ejemplos de meta-objetivos son aumentar el empleo y los salarios reales, impulsar mayores exportaciones, provocar una creciente participación de las micro, pequeñas y medianas empresas (Mipymes) y contribuir a incrementar la producción nacional.

2. *El segundo paso es la selección de la o las cadenas.* En esta etapa se definen las cadenas que serán priorizadas para enfocar los esfuerzos de los sectores público y privado. Los criterios de selección deben ser congruentes con los meta-

objetivos: el potencial de la cadena para contribuir al alivio de la pobreza, al crecimiento nacional o regional, a la generación de empleo, al crecimiento de las exportaciones, a la incorporación de tecnologías de punta y la inserción de mipyme, entre otros. También son susceptibles de inclusión otros criterios ligados a prioridades políticas estratégicas, como el desarrollo de regiones menos favorecidas y la mitigación de asimetrías regionales.

3. *El tercer paso es la elaboración del diagnóstico.* En este ejercicio se identifican detalladamente restricciones y oportunidades en el interior de cada eslabón de la cadena, así como sus vínculos reales y potenciales. Se comienza por el mapeo de la cadena y la identificación y delimitación de los eslabones principales y sus funciones. En segundo lugar, se elabora un estudio de seis grandes áreas: contexto nacional e internacional de la cadena, desempeño económico (empleo, comercio, costos y márgenes, entre otros), análisis de mercado (competidores, clientes, estándares y certificaciones, entre otros), gobernanza de la cadena, organizaciones de apoyo y medio ambiente. En tercer y último lugar, se identifican las restricciones por eslabón y a nivel de cadena (sistémicas).

4. *Mesa de diálogo se organiza al finalizar el diagnóstico, con el objetivo de discutirlo y validarlo.* Es un espacio para refrendar el interés en contar con la participación de los principales actores de la cadena y organizaciones de apoyo, que en su mayoría ya habían sido entrevistadas durante la elaboración del diagnóstico. Se espera que la mesa tenga una duración no mayor a tres horas, con el objetivo de garantizar la participación y permanencia de personas clave en la cadena. Después de una presentación breve del diagnóstico, se otorga la palabra a los participantes con el objetivo de enriquecer el análisis y garantizar que las restricciones y oportunidades identificadas sean relevantes y no se haya omitido alguna.

5. *El quinto paso es el análisis de buenas prácticas internacionales.* Éstas proporcionan un referente para determinar la distancia que separa la cadena de valor estudiada de cadenas similares en otros países, así como lecciones para la elaboración de las estrategias.

6. *Elaboración de estrategias para superar las restricciones y aprovechar las oportunidades identificadas en el diagnóstico.* Se trata de líneas estratégicas específicas en el nivel micro, que idealmente permiten recononocer responsables, tiempo y recursos. Así, no es suficiente proponer el fortalecimiento de los recursos humanos especializados; es importante también identificar las áreas, las organizaciones con la capacidad de impartir los contenidos programáticos, los recursos y los plazos.

7. *La segunda mesa de diálogo tiene lugar con el objetivo de discutir las estrategias.* Al igual que en la primera, se busca enriquecer el proceso, y además se persigue celebrar un compromiso por parte de todos los actores respecto de las acciones que cada uno es responsable de llevar a cabo para el desarrollo de la cadena. Un elemento clave a desarrollar es un ejercicio conjunto de priorización de estrategias, en el que los integrantes de la mesa deciden de manera conjunta las acciones a ser ejecutadas de manera inmediata.

8. *Apoyo para la implementación.* La priorización de estrategias acordada en la segunda mesa de diálogo arroja una lista breve de acciones a ejecutar en el corto plazo. En función de los recursos disponibles y el mandato recibido como organización de asistencia técnica, se puede avanzar hacia la implementación a través de actividades puntuales como la capacitación de representantes de eslabones específicos de la cadena, la elaboración de análisis de mercado o la preparación de estudios de factibilidad. La puesta en práctica de todas las estrategias es una tarea de largo plazo que suele demandar recursos financieros muy significativos. En este nivel se trata de capitalizar el buen ánimo de cooperación y trabajo que suele acompañar a la segunda mesa y dar un impulso inicial a la ejecución de actividades.

9. *El último paso es el lanzamiento de la estrategia de fortalecimiento de la cadena.* Es un evento participativo y mediático, en el que se convoca a representantes de los eslabones de la cadena y se anuncian los compromisos adquiridos. La difusión de esta ceremonia promueve el consenso entre los actores

y sirve como demostración de efectividad a otras cadenas que quisieran iniciar un proceso similar.

Beneficios y desventajas. La experiencia en la aplicación de la metodología ha evidenciado debilidades y riesgos. Una preocupación expresada por hacedores de política pública es que en general una cadena tiene poco peso en el agregado de la actividad económica. En consecuencia, su fortalecimiento ejerce un impacto restringido en el total de la economía. Como se ha mencionado, un factor básico para el éxito de la metodología es el involucramiento y el apoyo del sector público en el proceso. Su participación en cada etapa enriquece la información disponible y el análisis, e incrementa las posibilidades de una implementación exitosa. En contraste, un débil compromiso del sector público con el proceso obstaculiza los avances, se refleja en desánimo de los actores privados y pone en riesgo el proceso de fortalecimiento.

BENEFICIOS, DEBILIDADES Y RIESGOS DE LA METODOLOGÍA DE FORTALECIMIENTO DE LAS CADENAS DE VALOR

Beneficios	Debilidades y riesgos
• Facilita la implementación de planes de desarrollo y políticas industriales.	• En general, una sola cadena tiene poco peso en la actividad económica total.
• Enfoque micro, que hace posible la identificación de restricciones y el diseño de estrategias focalizadas.	• Falta de compromiso del sector público.
• Fomenta la creación de acuerdos entre los sectores público y privado, pero también en el interior de cada uno de ellos.	• Falta de compromiso del sector privado.
• Toma de decisiones participativas, al gestar un marco de transparencia e información compartida.	• Convertirse en un espacio en el que sólo se expresan inconformidades y opiniones de conflicto.
• Transferencia y apropiación de la metodología por parte del sector público.	• Recursos financieros limitados o inexistentes para su implementación.

CAPÍTULO 6

CONCEPTOS DE SOSTENIBILIDAD ALIMENTARIA

Daisy Carolina Magallanes, Daniela L. Duarte Gallegos, José Luis Ibave G.

La sostenibilidad de los alimentos es un tema que debe abordarse de forma natural y necesaria aun cuando no se puedan definir con precisión ni el concepto conexo de agricultura sostenible de la que se obtienen los alimentos. Puede decirse que un sistema agrícola sostenible es:

a) si puede seguir satisfaciendo la demanda de alimentos (y fibras) indefinidamente y, al mismo tiempo, incurre en costos económicos y ambientales a nivel de la explotación agrícola que las sociedades consideren aceptables,

 b) si incurre en costos económicos y ambientales más allá de la explotación agrícola que las sociedades consideren aceptables, y

c) si también cumple algunos criterios amplios de equidad acordados socialmente, incluida especialmente la equidad intergeneracional.

Estas nociones han sido ampliamente aceptadas en el desarrollo de políticas en las últimas décadas, desde la Comisión Brundtland de las Naciones Unidas en 1987, hasta la elaboración y el acuerdo internacional de 2015 sobre los Objetivos de Desarrollo Sostenible de las Naciones Unidas. Pero la aplicación práctica de esas nociones debe naturalmente llevar a los analistas a las complejidades de qué costos ambientales son aceptables y qué criterios de equidad pueden acordarse para articular objetivos concretos e indicadores de fenómenos que de por sí son difíciles de conceptualizar y medir, como el hambre y la equidad entre los géneros.

La Comisión Brundtland declaró en 1987, con amplia aceptación, que el Desarrollo Sostenible es el desarrollo que satisface las necesidades del presente sin comprometer la capacidad de las generaciones futuras para satisfacer sus propias necesidades (Comisión Mundial, 1987). Esto coloca la equidad intergeneracional en el centro conceptual de dicha terminología. En la actualidad, las bibliotecas cuentan con muchos libros (por ejemplo, Tisdell, 1993) y capítulos de libros (GrahamTomasi, 1991), importantes informes (National Research Council, 1999) e innumerables revistas (por ejemplo, Environment, Development and Sustainability y Nature Sustainability) que tratan de los numerosos aspectos del desarrollo sostenible, desde la agricultura terrestre hasta la atmósfera contaminada. En lo particular, la atención se centra en la sostenibilidad de los sistemas alimentarios y, por lo tanto, en la agricultura sostenible (SA), un término aparentemente acuñado por Gordon (Bill) McClymont, probablemente a principios de los años 70. Muchos estudiosos de los primeros decenios habían estado estudiando los elementos de la SA sin la ventaja del término; por ejemplo, Longworth (1992) presenta un excelente caso en el que destaca William J. Farrer, uno de los primeros criadores de trigo de Australia. Pretty (2008) va más allá y señala que las preocupaciones sobre SA se remontan al menos a los escritos más antiguos que se conservan de China, Grecia y Roma. Sostiene que hoy en día la sostenibilidad de los sistemas agrícolas incorpora conceptos tanto de resiliencia (la capacidad de los sistemas para amortiguar los choques y las tensiones), como se analiza en el artículo sobre la estabilidad (Anderson, 2018a), como de persistencia (la capacidad de los sistemas para continuar durante largos períodos), y aborda muchos resultados económicos, sociales y ambientales más amplios.

En el siglo XXI, estos conceptos se están aplicando más allá de la alimentación y la agricultura a la bioeconomía (Birner, 2018). Muchas empresas agrícolas cuentan con departamentos de sostenibilidad y compromisos estratégicos para alcanzar este objetivo, y muchos gobiernos han elaborado planes para el desarrollo agrícola sostenible, por lo que en muchos aspectos se trata ahora de "grandes empresas".

Existen muchas definiciones diferentes de actividades humanas sostenibles como la agricultura (Pezzey, 1989; Pannell y Schilizzi, 1999). No son correctas o incorrectas, sólo más o menos útiles. La siguiente puede servir como definición pragmática de agricultura sostenible: un sistema de producción agrícola que satisface indefinidamente la demanda de alimentos y fibras, al tiempo que incurre en costos económicos y ambientales, tanto en las explotaciones agrícolas como fuera de ellas, que las sociedades consideran aceptables, y que también cumple algún criterio amplio de equidad socialmente acordado. La definición plantea inmediatamente dos preguntas: ¿qué son los costos económicos y ambientales "aceptables" y qué es un "criterio de equidad satisfactorio"? Estas preguntas no tienen respuestas precisas. Lo que constituye costos aceptables y un criterio de equidad generalmente satisfactorio está, en cierta medida, a los ojos del observador. Si los costos económicos y ambientales combinados no aumentan con el tiempo, entonces eso parecería ser aceptable.

Un criterio de equidad generalmente aceptable es más difícil de especificar. El criterio sugerido aquí para las comunidades de base agrícola es que, con el tiempo, los ingresos de las familias agrícolas pobres deben aumentar lo suficiente como para permitir mejoras significativas en la nutrición de todos los miembros de la familia y en el acceso a los servicios de salud y educación.

El enfoque principal aquí es el tema de la sostenibilidad a nivel de la granja. Este enfoque es limitado, ya que excluye las cuestiones de sostenibilidad que pueden surgir en el sistema de distribución de alimentos, es decir, la parte del sistema agrícola entre la granja y el consumidor final de alimentos.

La demanda mundial y de los países menos adelantados de alimentos

Los estudios realizados en todo el mundo, incluidos los realizados en el Instituto Internacional de Investigaciones sobre Políticas Alimentarias (IIPA), indican que entre 2015 y 2030 se prevé que alrededor del 90% del aumento de la demanda mundial de alimentos se producirá en los países menos adelantados (PMA) de Asia, África y América Latina. La hipótesis se basa en las predicciones de que los PMA acogerán casi todo el aumento de la población mundial, en gran parte urbana, durante ese período y el ingreso medio per cápita en esos países es tan bajo que, cuando aumente, una parte importante del aumento se destinará a alimentos. En cambio, el ingreso per cápita en los países más desarrollados es lo suficientemente alto como para que la mayoría de las personas estén tan bien alimentadas (cada vez más "demasiado bien" alimentadas) que los aumentos de los ingresos no añaden casi nada a la demanda de alimentos registrada en la explotación agrícola. Por estas razones, la mayoría de los problemas para lograr un sistema de producción agrícola sostenible surgirán casi con toda seguridad en los países en desarrollo. Por consiguiente, el debate aquí se centra en esos países. Se presta mucha atención a la sostenibilidad agrícola en el seguimiento de los esfuerzos por alimentar adecuadamente al mundo (Bhullar y Bhullar, 2012).

Se presta cada vez más atención a la intensificación sostenible (SI) (Pretty y Bharucha, 2014), dado que la mayor parte del crecimiento futuro de la producción de alimentos debe provenir de la intensificación (aumento de los rendimientos por unidad de tierra de cultivo) de los sistemas de cultivo existentes en lugar de la expansión de los cultivos a las actuales tierras de pastos y bosques (Kuyper y Struik, 2014).

Tendencias de los precios reales de los alimentos

Los precios mundiales ajustados en función de la inflación del trigo, el arroz y el maíz (que en conjunto representan más de la mitad de la energía alimentaria consumida por la población de los PMA) disminuyeron enormemente desde 1960, salvo un par de repuntes, en particular y recientemente en las crisis alimentarias de 2007. Estas disminuciones generales de los precios reflejaron los aumentos de la productividad mundial y de los PMA generados por los avances tecnológicos adoptados por los agricultores de todo el mundo. En los PMA, estas tecnologías suelen considerarse parte de una Revolución Verde (GR) en la producción de los principales alimentos básicos: arroz, trigo y maíz (Anderson y otros, 1988; Djurfeldt, 2018).

Las tecnologías de la GR se adoptaron ampliamente en toda Asia y América Latina, sobre todo en los lugares donde se suministraba agua de riego. Las tecnologías no estaban tan bien adaptadas a la mayoría de las condiciones de producción en el África subsahariana; en consecuencia, allí se adoptaron poco, en gran medida en detrimento de la agricultura africana.

La disminución general de los precios del arroz, el trigo y el maíz tiene dos consecuencias importantes para la cuestión de la sostenibilidad:

1) En el mundo tal como ha existido desde el final de la Segunda Guerra Mundial, las disminuciones a largo plazo de los precios agrícolas reflejan las reducciones de los costos económicos de la producción. Así pues, las disminuciones de precios registradas, en su mayor parte continuas, indican que, durante ese período, la agricultura mundial y de los PMA cumplió en su mayor parte cualquier criterio razonable de sostenibilidad de los costos económicos de producción; las cuestiones de política comercial, como las prohibiciones de exportación de cereales, comprometieron en cierta medida esa observación positiva en los años que precedieron a la crisis alimentaria de 2008, como se explica en el artículo sobre el comercio internacional (Anderson, 2018b). La evolución futura de los precios de los alimentos es, naturalmente, bastante incierta, pero Baldos y Hertel (2016) sostienen de forma convincente que la tendencia a la baja a largo plazo de los precios reales se reanudará con toda probabilidad, a pesar de las inevitabilidades y posibilidades del cambio climático.

2) Debido a que los pobres gastan proporcionalmente más en alimentos que los no pobres, la disminución general de los precios de los alimentos benefició a los pobres proporcionalmente más que a los no pobres. Por lo tanto, la disminución de los precios tiende a respaldar el argumento de que, en los PMA, las tecnologías GR promovieron una mayor equidad en la distribución de los ingresos entre los pobres y los no pobres (Lipton y Longhurst, 1989).

Tendencias en la nutrición

Otras pruebas respaldan el argumento de que las tecnologías de GR eran coherentes con el criterio de equidad para la sostenibilidad adoptado aquí, pero sólo en Asia y América Latina, no en África. Los datos recogidos por la

Organización de las Naciones Unidas para la Agricultura y la Alimentación (FAO) muestran mejoras significativas en la nutrición de las poblaciones de Asia y América Latina, pero no de África. La FAO define a las personas desnutridas como aquellas cuyo consumo medio anual de energía alimentaria es insuficiente para mantener el peso corporal y soportar una actividad ligera. La poca atención que se presta a la energía alimentaria se debe a la dificultad de obtener datos sobre las proteínas y otros nutrientes. La FAO descubrió que, desde principios del presente siglo, la prevalencia de personas desnutridas en los PMA como grupo se redujo de alrededor del 35% al 20%, y que el número de personas desnutridas disminuyó de casi 950 millones a alrededor de 800 millones (y probablemente aumente debido a la persistencia de varios conflictos), según (FAO et al, 2017). Sin embargo, la mejora se limitó en gran medida a Asia y América Latina. En el África subsahariana, el estado nutricional de la población se deterioró, y la prevalencia de la malnutrición disminuyó de alrededor del 30% a alrededor del 20% (que sigue siendo la más alta de la región), pero la cifra absoluta aumentó de unos 190 millones a algo considerablemente más de 200 millones.

El reciente aumento aparente de la deficiencia de energía alimentaria es motivo de gran preocupación y plantea un importante desafío a los compromisos internacionales de poner fin al hambre para 2030. En el mundo actual, hay una creciente sobrealimentación y obesidad (Peng y Berry, 2018), pero la principal razón por la que las personas están subalimentadas es que no tienen suficientes ingresos para comprar los alimentos que necesitan. En África, especialmente, la inestabilidad política y la violencia prolongada y generalizada también son una parte importante del problema, como subrayan la FAO 2017). La mejora sustancial de la nutrición humana en general en Asia y América Latina desde finales del decenio de 1960 hasta finales del decenio de 1980 y desde entonces implica que los ingresos de los pobres de esas regiones aumentaron sustancialmente en ese período, lo que demuestra que la agricultura en Asia y América Latina avanzó considerablemente hacia el cumplimiento del criterio de equidad de la sostenibilidad.

El deterioro del estado nutricional de la población en gran parte de África implica lo contrario y es una prueba fehaciente de que, en esos países desafiados, la agricultura todavía no ha cumplido el criterio de equidad de la sostenibilidad.

El comercio internacional de alimentos es esencial para el acceso a los nutrientes. Wood y otros (2018) han demostrado cómo el comercio permite que algunos países más pobres puedan alimentar a cientos de millones de personas y cómo las políticas comerciales proteccionistas podrían, por tanto, tener graves consecuencias negativas para la seguridad alimentaria, como se detalla en el artículo de Kym Anderson (2018b).

Los estudios destinados específicamente a investigar las consecuencias para los ingresos y el empleo de las tecnologías de GR apuntan en la misma dirección con respecto a Asia (Lipton y Longhurst, 1989). Hazell y Ramasamy (1991) examinaron esas consecuencias entre los agricultores y las comunidades vinculadas en el sur de la India. Descubrieron que tanto los pequeños productores de arroz que adoptaron la nueva tecnología como los trabajadores agrícolas sin tierra casi duplicaban sus ingresos. Los ingresos de los trabajadores sin tierra aumentaron porque la tecnología más intensiva y productiva estimuló un aumento de la demanda de sus servicios.

David y Otsuka (1994) informaron de los resultados de investigaciones exhaustivas sobre las consecuencias de la distribución de los ingresos de las tecnologías del arroz GR en Tailandia, Indonesia, Filipinas, Bangladesh, India, China y Nepal. La adopción no estuvo fuertemente influenciada por el tamaño de la explotación o la tenencia de la tierra. Los agricultores adoptantes de todos los países lograron mayores rendimientos (producción de cultivos por unidad de tierra) y, por consiguiente, el aumento de los ingresos.

Este breve examen de la experiencia de los últimos decenios indica que, en la mayoría de los países en desarrollo de Asia y América Latina, la pauta de desarrollo agrícola, al menos a nivel nacional, ha cumplido claramente cualquier criterio de costo económico razonable de sostenibilidad. Además, en Asia y América Latina se han hecho progresos significativos, aunque todavía están lejos de ser completos, en el cumplimiento del criterio de equidad adoptado aquí. La agricultura africana, sin embargo, se ha quedado rezagada con respecto a las otras dos regiones, y en su mayor parte (hay mucha diversidad dentro de los países y entre ellos) todavía no ha emprendido un camino sostenible (Pingali, 2012; Otsuka y Larson, 2013).

Tendencias de los costos ambientales

Los costos ambientales de la agricultura son los costos que los agricultores imponen a otros miembros de la sociedad; esos "otros" no tienen forma de exigir una compensación a los agricultores responsables. Los principales de esos costos, no necesariamente en orden de importancia, son los que se derivan del desbroce y drenaje de las tierras que dañan el hábitat de la fauna y la flora silvestres, por no hablar de la atmósfera, y, en términos más generales, imponen pérdidas de diversidad biológica socialmente valiosa. Entre ellas se incluyen:

- daños en la calidad del agua de la superficie por la erosión de los sedimentos de los campos de cultivo, lo que aumenta el costo de la limpieza del agua para uso residencial y otros usos;

- el costo de dragar los sedimentos de los ríos y puertos para mantener los servicios de transporte marítimo; y

- los costos de salud pública y los costos de los daños a los sistemas ecológicos debido a los fertilizantes de nitrógeno, los desechos animales y los pesticidas en las aguas subterráneas y superficiales.

Además, los costos económicos de la disminución de la productividad del suelo (debido a la degradación de la tierra) se tratan a menudo como costos ambientales (por ejemplo, Anderson y Thampapillai, 1990). Sin embargo, en los casos en que los agricultores tienen derechos de propiedad seguros y exigibles sobre la tierra, estos costos de degradación no son verdaderos costos ambientales porque los agricultores los incurren y los soportan por la forma en que gestionan sus tierras.

Cuando no se cumple la condición de los derechos de propiedad, como es evidente en gran parte de los PMA, los daños a la productividad de las explotaciones agrícolas causados por la degradación de las tierras pueden considerarse verdaderos costos ambientales. En cualquier caso, en gran parte de la bibliografía que trata de la agricultura sostenible, estos costos se tratan como costos ambientales.

Los costos ambientales son particularmente difíciles de medir, ya sea en los países más desarrollados (PMD) o en los países menos adelantados, porque las transacciones en las que se incurren los costos no se registran en los mercados. Por consiguiente, los costos no se expresan en precios. Por ejemplo, cuando los agricultores drenan humedales para plantar un cultivo como la palma aceitera, pueden destruir el hábitat de la vida silvestre en el que los cazadores, los observadores de aves y otros que, al igual que la vida silvestre, le dan un alto valor. Esta pérdida de valor es un costo social real, pero no tiene precio porque todavía hay poco mercado para los servicios del hábitat de la vida silvestre. De esta forma, los agricultores no tienen ningún incentivo para tener en cuenta estos valores al decidir si drenar o no el humedal y, en consecuencia, los que valoran los servicios de hábitat no tienen forma de extraer una compensación de los agricultores responsables de su pérdida.

En los países menos adelantados existe una gran preocupación por los costos ambientales de la producción agrícola, especialmente por la pérdida de diversidad biológica resultante de la tala de tierras en los bosques tropicales (Byerlee et al., 2017). La obstrucción de los canales y embalses de riego por el suelo erosionado de los campos de los agricultores también se considera en general una amenaza a la capacidad de los sistemas agrícolas afectados. A pesar de estas preocupaciones, no existen estimaciones fiables a escala mundial de estos costos, ni de otros impuestos por la agricultura, como los costos de salud pública y ecológicos de los plaguicidas y fertilizantes en las aguas subterráneas y superficiales. Esta falta de información bien fundamentada significa que, con respecto a estas cuestiones ambientales concretas, no hay una base sólida para juzgar si la producción con la

RG y otras tecnologías modernas ha cumplido o no el criterio de costo ambiental de la sostenibilidad. Sin embargo, el criterio adoptado aquí es que, con el tiempo, la combinación de los costos económicos y ambientales no debe aumentar. Aunque no se puede juzgar bien el movimiento de los costos ambientales, la disminución de los costos económicos, señalada anteriormente, indica que un aumento compensatorio de los costos ambientales bien podría ser coherente con la sostenibilidad. Aunque no hay suficiente información para emitir un juicio sobre los cambios en los costos ambientales totales, hay datos que permiten emitir juicios provisionales sobre los efectos de la degradación de la tierra en la capacidad de producción agrícola. Un conjunto de datos permite realizar tales estimaciones a escala mundial. Otro conjunto se ocupa de los efectos de la producción de arroz cultivado en Asia mediante tecnologías de GR.

Degradación de la tierra

Un estudio a escala mundial de la degradación de las tierras agrícolas realizado por Oldeman y otros (1991) en la Universidad de Wageningen, en los Países Bajos, está fechado, pero sigue siendo instructivo. Encontraron que hay unos 8.700 millones de hectáreas (ha) de tierra en cultivos, pastos permanentes, bosques y tierras forestales. El estudio mostró que alrededor de 2,000 millones de hectáreas de esta tierra (23%) se ha degradado en cierta medida (ligera, moderada y fuertemente) en el período comprendido entre el final de la Segunda Guerra Mundial y 1990. El 84% de esta tierra había sido degradada por la erosión del viento y del agua.

Oldeman y sus colegas no estimaron la pérdida de productividad acumulada e impuesta por la degradación en cada una de las tres categorías de degradación. Crosson (1995) calculó que la pérdida media ponderada acumulada en los 8,700 millones de hectáreas de tierra en cultivos, pastos permanentes y bosques y tierras forestales era del 4.6% (un poco menos del 0.1% anual durante los 45 años hasta 1990). Esta estimación de las pérdidas de productividad agrícola a escala mundial impuestas por la degradación de la tierra es mucho menor que otras que se han presentado.

Oldeman y sus colegas destacan las deficiencias de sus datos, pero éstos siguen siendo los más creíbles de que se dispone, e indican que, a escala mundial, las pérdidas acumulativas de productividad de la tierra impuestas por la degradación son pequeñas. Esto, a su vez, sugiere que las tecnologías de revolución verde (GR) adoptadas por los agricultores de todo el mundo desde el final de la Segunda Guerra Mundial no han dañado significativamente la capacidad de las tierras de la Tierra para apoyar la producción agrícola mundial.

Aunque los daños por degradación de la tierra pueden haber sido pequeños a escala mundial, en base a su impacto en la producción de arroz, ellos parecen haber sido importantes en Asia. Pingali y Rosegrant (2001) llegaron a la conclusión de que el cultivo intensivo de arroz en el Asia meridional y sudoriental, y de arroz y trigo en una rotación en el Asia meridional, han perjudicado considerablemente la productividad de la tierra. Esto ha ocurrido porque los sistemas de producción empleados han dado lugar a una acumulación de sal y al anegamiento del suelo, al deterioro del estado de los nutrientes del suelo, al aumento de la toxicidad del suelo y al incremento de la acumulación de plagas, especialmente de las plagas del suelo.

Pingali y Rosegrant observan que, en el decenio de mediados del decenio de 1980, el crecimiento del rendimiento del arroz en esas zonas fue aproximadamente la mitad de lo que había sido en los dos decenios anteriores. Atribuyen una parte sustancial de esta disminución del crecimiento del rendimiento a los problemas inducidos por las prácticas de producción intensiva de arroz. En esta parte de su debate, Pingali y Rosegrant señalan que la práctica de la producción intensiva de arroz y las rotaciones de arroz/trigo no son en sí mismas la causa fundamental de la degradación resultante de la calidad de la tierra y los problemas de control de plagas. Las dificultades surgieron de políticas defectuosas que envían señales erróneas a los agricultores sobre la mejor manera de gestionar sus tierras, y de la falta de conocimientos de los agricultores con respecto a las prácticas de gestión superiores. De ello se desprende, como propugnan Crosson y Anderson (2002), que la solución a la degradación de la tierra y los problemas de plagas en la producción de arroz y de arroz/trigo GR es mejorar la elaboración de políticas e invertir en la educación de los agricultores.

Conclusión sobre la sostenibilidad del sistema de producción de la Revolución Verde

Las tendencias a la baja de los precios del trigo, el arroz y el maíz en los últimos decenios, a pesar de los aumentos sustanciales de la demanda mundial de esos productos básicos, sugieren firmemente que las tecnologías de GR han cumplido el criterio de costo económico para la sostenibilidad. Las grandes mejoras en la nutrición en Asia y América Latina, y los estudios sobre las consecuencias favorables de las tecnologías en la distribución de los ingresos, sugieren que, en esas dos zonas en desarrollo, las tecnologías también han avanzado definitivamente hacia el cumplimiento del criterio de equidad. Sin embargo, esto no puede decirse aún de África.

Con respecto a los costos ambientales, las pruebas indican que la degradación de la tierra no ha amenazado seriamente la capacidad de producción de las tierras agrícolas, aunque en la producción de arroz y de arroz/trigo en gran parte de Asia, las tecnologías de GR han causado una importante degradación de la tierra y la aparición de problemas de plagas. Será interesante obtener la evaluación actualizada que está realizando la Plataforma intergubernamental científico-normativa sobre diversidad biológica y servicios de los ecosistemas (IPBES) en su prevista (a partir de 2018) "Evaluación temática sobre la degradación y la restauración de las tierras".

Sin embargo, estos problemas de degradación y plagas no han sido de tal magnitud como para compensar la tendencia principalmente descendente de los precios del arroz. Con respecto a otros tipos de costos ambientales, por ejemplo, las pérdidas de diversidad biológica debido a la deforestación tropical (por ejemplo, IPBES, 2016) y la obstrucción de canales de riego y embalses con limo, las pruebas disponibles son todavía insuficientes para apoyar una conclusión firme de una forma u otra sobre si las tecnologías GR han cumplido o no el criterio de costo ambiental de la sostenibilidad. En zonas como las de gran parte de África que hasta ahora se han beneficiado poco de las tecnologías GR, la sostenibilidad es sin duda una cuestión seria.

Prospectiva. Como se ha señalado, casi todos los futuros aumentos de la demanda mundial de alimentos se producirán en los PMA, incluidos, por supuesto, los que se pierdan después de la cosecha o se desperdicien después de la adquisición por los consumidores. Existe un amplio consenso entre los estudiosos de la situación alimentaria mundial en que la mayor parte del aumento de la demanda de alimentos en los PMA se satisfará con la producción en esos países. El consenso incluye también la creencia de que la mayor parte del aumento de la producción tendrá que hacerse mediante el incremento de los rendimientos de los cultivos y los animales, en resumen, una intensificación sostenible. Esta creencia se basa en la evidencia de que los costos económicos y ambientales de la producción aumentarían hasta niveles insostenibles si la principal pauta de crecimiento de la producción se orientara a la incorporación de más tierras a la producción de cultivos en lugar de al aumento de los rendimientos.

Esto plantea la cuestión de la medición de la insostenibilidad como un paso necesario para elaborar mejores políticas y articular mejor las prioridades de inversión más pertinentes para lograr sistemas alimentarios más sostenibles. Ha habido mucha actividad en este ámbito de la conceptualización y la cuantificación de los indicadores pertinentes, aunque sigue siendo un campo emergente (Pannell y Glenn, 2000; Bell y Morse, 2008; Pezzey y Burke, 2014).

Esta perspectiva sobre el futuro de la agricultura sostenible en los PMA sugiere que la cuestión clave sobre ese futuro es si la investigación agrícola, en los propios PMA, en el sistema de instituciones internacionales de investigación agrícola y en algunos de los países menos adelantados, en particular los Estados Unidos, puede tener éxito en el desarrollo de las tecnologías de mayor rendimiento necesarias para hacer el trabajo. Pero esta perspectiva plantea otra pregunta: ¿por qué suponer que la tarea descansa en esa investigación? ¿Qué sucede con las políticas gubernamentales y otros factores, como el acceso a los mercados, que afectan a los incentivos de los agricultores para adoptar las nuevas tecnologías, incluso suponiendo que estén disponibles? (Jayne y Rashid, 2013; FIDA, 2016; Alston y Pardey, 2017).

La respuesta es que la investigación es el factor clave, la cual debe sustentarse de las experiencias del último medio siglo cuando, independientemente de las políticas y otras limitaciones que afectan a los incentivos de los agricultores, Asia y América Latina adoptaron las tecnologías de GR a una amplia escala geográfica (por ejemplo, Anderson et al., 1988). Pero nótese una vez más que África no compartió esta experiencia favorable porque el clima, los recursos hídricos, las condiciones del suelo y los conocimientos de los agricultores de gran parte de ese continente no eran tan favorables como en Asia y América Latina a los tipos de tecnologías que conforman la GR (Pardey, 2011). Pero gran parte de la razón del fracaso de la RG en África fue la existencia de políticas gubernamentales desfavorables, incluida la falta de inversiones suficientes en sistemas de transporte y comunicación que permitieran vincular mejor a los agricultores con los mercados, no sólo de África sino del resto del mundo.

Cabe esperar que esas políticas desfavorables se están superando las condiciones para el futuro de África. Por lo tanto, la atención se centra en las perspectivas de que la investigación agrícola desarrolle con éxito las tecnologías de aumento del rendimiento que los PMA necesitarán en los próximos decenios para lograr una respuesta de producción sostenible a la futura demanda de alimentos. Existe una creciente preocupación de que la empresa de investigación pueda quedarse corta. En los últimos años el rendimiento de los cereales ha dejado de aumentar tan rápidamente como antes (Fischer et al., 2014).

Tal vez sea el momento de cuestionar la práctica de declarar las tasas anuales medias de crecimiento del rendimiento como porcentajes al hacer juicios sobre la adecuación del crecimiento futuro del rendimiento. La razón es que las proyecciones de las Naciones Unidas sobre el crecimiento de la población en los países menos adelantados durante los próximos decenios muestran unas tasas de aumento en continuo descenso. Añádase a esto la perspectiva de que, como el ingreso per cápita en los PMA sigue creciendo, cada vez más de ellas alcanzarán niveles de ingresos lo suficientemente altos como para que los ingresos adicionales añadan poco a la demanda de alimentos registrada en la explotación agrícola. El efecto combinado de la desaceleración del crecimiento porcentual de la población en los PMA y la disminución de los efectos del crecimiento de los ingresos per cápita en la demanda de alimentos en esos países sugiere que la disminución de los aumentos porcentuales del rendimiento de los cultivos puede no ser una amenaza tan grave para el suministro futuro de alimentos como muchos parecen creer.

Pero hay razones para cuestionar si se puede mantener la tasa de aumento del rendimiento, incluso en términos absolutos. El cuestionamiento surge de dos aspectos de las recientes tendencias de las inversiones en investigación agrícola a escala mundial. Un aspecto se refiere a la cantidad de dicha investigación. El otro se refiere a la dirección de la investigación.

¿Será suficiente la cantidad de inversiones en investigación? Alston y otros (1998) observaron que, de 1971 a 1981, las inversiones mundiales en investigación agrícola aumentaron en términos reales a una tasa media anual del 6,4%. Entre 1981 y 1991, la tasa disminuyó al 3,8%. En África, región especialmente necesitada de nuevos conocimientos agrícolas, la tasa disminuyó de un bajo 2,5% a un 0,8% aún más bajo. Estos datos pasados siguen siendo pertinentes hoy en día debido al largo período de gestación de las innovaciones en materia de investigación agrícola, por lo que no es sorprendente que los aumentos de productividad de África en los últimos decenios hayan sido tan irregulares (Fuglie y Rada, 2013).

Algunas de esas tendencias han continuado, como lo han documentado analistas como Pardey (2011), Pardey y Alston (2012), Pardey y Beddow (2013), Alston y Pardey (2014, 2017), y los importantes esfuerzos que sigue realizando la iniciativa de los Indicadores de Ciencia y Tecnología Agrícola (ASTI), dirigida por el Instituto Internacional de Investigaciones sobre Políticas Alimentarias (IFPRI) (Beintema y Stads, 2017). Los niveles de inversión en investigación agrícola en la mayoría de los países de ingresos bajos y medios siguen estando muy por debajo de la meta mínima del 1% del producto interno bruto agrícola recomendada por las Naciones Unidas, aunque hay algunas excepciones admirables, como el Brasil y China. Se necesitan niveles más altos de financiación para establecer y mantener programas de investigación agrícola viables que logren los resultados necesarios. La inversión en investigación agrícola puede generar importantes beneficios, como han documentado tan bien Alston y otros (2000), pero esos beneficios tardan en materializarse, por lo general durante decenios. Este retraso inherente desde el inicio de la investigación hasta la adopción de una nueva tecnología o variedad exige una financiación sostenida y estable de la investigación. La volatilidad de la financiación hace que sea más difícil obtener beneficios a largo plazo. El gasto en investigación agrícola de África ha mostrado una volatilidad considerablemente mayor que el gasto en otras regiones en desarrollo, impulsado por el carácter a corto plazo y orientado a proyectos de la financiación de los donantes y los bancos de desarrollo en África.

Las inversiones en investigación agrícola durante los próximos dos decenios tal vez no sean suficientes para impulsar y mantener un crecimiento adecuado del rendimiento. Junto con la notoria falta de inversión en muchas partes del mundo en desarrollo, otro hecho preocupante es la disminución de la inversión pública en la investigación de la producción agrícola en algunos países, como los Estados Unidos y Australia, donde se ha pasado a hacer hincapié en los temas de la posproducción y donde los inversores privados son cada vez más importantes. Las posibles innovaciones en materia de investigación sobre la producción que pueden tener efectos indirectos en muchos PMA, incluida gran parte de África, procederán cada vez más del Brasil y China y no de fuentes tradicionales como los Estados Unidos (Pardey y Beddow, 2013; Alston y Pardey, 2017). Pero, ¿serán suficientes? Los costos económicos de la producción de alimentos en todo el mundo podrían aumentar lo suficiente como para violar el criterio de costo económico de la sostenibilidad.

¿Y la dirección de la investigación agrícola? En este caso, la dirección de la investigación se refiere a las cantidades de inversiones en investigación dirigidas a tecnologías que mantengan los costos económicos dentro de niveles aceptables, en relación con las cantidades destinadas a contener los costos ambientales. Las pruebas sugieren que:

1) la demanda de servicios ambientales en los PMA aumentará más rápidamente que la demanda de alimentos en los próximos decenios, y que

2) puede resultar más difícil aumentar adecuadamente la oferta de servicios ambientales que la oferta de alimentos.

La implicación es que puede resultar más fácil cumplir el criterio del costo económico de la sostenibilidad en los PMA que el criterio del costo ambiental. Una complicación añadida en la solución de esos problemas es el papel incierto que desempeñarán las inversiones en investigación biotecnológica, especialmente en lo que respecta a los organismos genéticamente modificados, y los posibles conflictos entre las ganancias en estabilidad de los rendimientos con respecto a las tensiones bióticas y abióticas, y los posibles riesgos de pérdida de acceso a los mercados de los países en los que se restringen las importaciones de esos productos.

Las pruebas que sugieren que la demanda de servicios ambientales en los PMA puede aumentar más rápidamente que la demanda de alimentos procede de la experiencia de los PMA, por ejemplo, los Estados Unidos, el Canadá y Europa occidental. Los altos ingresos en estos países han inducido un aumento mucho más rápido de la demanda de servicios ambientales que de alimentos durante las últimas décadas. Ya hay algunas pruebas de una experiencia similar en los PMA de ingresos más altos y, como el ingreso per cápita sigue aumentando en los PMA, es razonable esperar un efecto comparable en todos estos países como grupo.

Esta perspectiva sugiere que, si se quiere cumplir el criterio del costo ambiental con respecto a la agricultura en estos países, se debe realizar una investigación que aumente la oferta de servicios ambientales en consonancia con el aumento relativamente rápido de la demanda de los servicios. Esto puede resultar difícil de hacer. En términos más sencillos, el aumento de la oferta de servicios ambientales requiere una innovación institucional. Por ejemplo, es necesario crear instituciones para la gestión de los recursos hídricos que den la debida importancia tanto al uso del agua para el riego como a su utilización para proteger la fauna acuática y para la recreación, por no hablar de otros usuarios no agrícolas.

La experiencia de los Estados Unidos demuestra que la construcción de esas instituciones está plagada de dificultades, la mayoría de las cuales tienen que ver con conflictos de intereses entre agricultores y ecologistas.

Existen motivos para dudar de que las instituciones de investigación agrícola de todo el mundo estén bien posicionadas para realizar el tipo de investigación institucional necesaria para aumentar adecuadamente la oferta de servicios ambientales. Por larga tradición, esas instituciones se han dedicado a desarrollar nuevas tecnologías que permitan contener los costos económicos de la producción en las explotaciones agrícolas. Su personal está integrado en su mayoría por científicos que han demostrado ser buenos en el desarrollo de esas tecnologías. Es muy improbable que sean igualmente buenos en el diseño de las innovaciones institucionales que se necesitarán para aumentar adecuadamente el suministro de servicios ambientales. Para lograr ese objetivo probablemente será necesario reestructurar en gran medida las actuales instituciones de investigación agrícola. Los considerables desafíos institucionales a los que se enfrenta la investigación agrícola en los países menos adelantados fueron descritos por Crosson y Anderson (1993); los avances en la solución de esos desafíos desde entonces no han sido especialmente alentadores (por ejemplo, Barrett, 2003). Lamentablemente, para muchos de ellos sigue siendo dudoso que los PMA logren cumplir el futuro criterio de costo ambiental para la sostenibilidad agrícola.

En definitiva, es necesario subrayar la consideración de los conceptos de sostenibilidad alimentaria al ponderar las cuestiones de la alimentación y de las frustraciones que rodean a las definiciones operacionales de lo que constituye precisamente la agricultura sostenible.

La preocupación por la ordenación sostenible del medio ambiente debería estar, con razón, en la primera línea de toda reflexión sobre la formulación de políticas para el futuro del planeta y de sus consumidores y productores de alimentos (Matson et al., 2016). Es evidente que la agricultura tiene importantes funciones que desempeñar en la mitigación del cambio climático, por no mencionar los desafíos vitales que hay que afrontar en la adaptación a ese cambio en todo el mundo y, por lo tanto, hacer frente con éxito a los desafíos de lograr la seguridad alimentaria y la sostenibilidad para toda la humanidad.

CAPÍTULO 7

LA POLÍTICA ECONÓMICA PARA LA SUSTENTABILIDAD Y SEGURIDAD ALIMENTARIA

Ana Karen Delgado Rocha y José Luis Ibave González

I. Introducción.

En la actualidad, los recursos naturales del mundo están enfrentando procesos de deterioro sin precedentes. Lo que alguna vez fue necesario para la supervivencia humana, hoy se ha convertido en un consumo irracional y no sostenible, lo que ha provocado consecuencias ambientales que afectan directamente a la salud alimentaria de las personas más vulnerables, y a largo plazo, la seguridad alimentaria de todos. Las organizaciones internacionales no han podido reducir la inseguridad alimentaria, y esta sigue en aumento en par con las emisiones antropogénicas de gases de efecto invernadero y la sobreexplotación de los recursos naturales. Para lograr el bienestar humano sostenible, es necesario más que una serie de medidas para controlar los efectos del cambio climático, y más que un intento de explotar los recursos de forma "óptima", que es en lo que diversas organizaciones y, sobre todo, industrias con una "mayor sensibilidad ambiental", se enfocan. Es por esto que, sumado a medidas que tengan la posibilidad de hacerle frente a la inseguridad alimentaria, y políticas ambientales, es necesario tener una base económica congruente, y parámetros que se integren y guíen el resto de las políticas económicas.

Estado de inseguridad alimentaria en el mundo.

En 2015, todos los Estados Miembros de la ONU adoptaron La Agenda 2030 para el Desarrollo Sostenible, un plan de acción "para las personas, el planeta y la prosperidad" (2015). El documento en el que se estableció el acuerdo consta con los siguientes objetivos: 1. Fin de la pobreza 2. Hambre Cero 3. Salud y bienestar 4. Educación de calidad 5. Igualdad de género 6. Agua limpia y saneamiento 7. Energía asequible y no contaminante 8. Trabajo decente y crecimiento económico 9. Industria, innovación e infraestructura 10. Reducción de las desigualdades 11. Ciudades y comunidades sostenibles 12. Producción y consumo responsables 13. Acción por el clima 14. Vida submarina 15. Vida de ecosistemas terrestres 16. Paz, justicia e instituciones sólidas 17. Alianzas para lograr los objetivos

Entre estos podemos destacar "Cero hambres" y "Salud y bienestar", por estar directamente relacionados con la salud alimentaria, pero cabe destacar que todos se relacionan con ella indirectamente. Concretamente, el punto 2 se refiere al objetivo de acabar con el hambre y garantizar el acceso de todas las personas, en particular los pobres y personas en situaciones vulnerables, a alimentos seguros, nutritivos y suficientes para el año 2030.

A pesar de considerarse como una prioridad en dicha agenda, en el Estado de la Seguridad Alimentaria y la Nutrición en el Mundo 2020 (FAO, FIDA, OMS, PMA y UNICEF), estimaciones de la FAO (Organización de las Naciones Unidas para la Alimentación y la Agricultura) nos dicen que el nivel actual de esfuerzo no es suficiente para cumplir el propósito de "Cero hambres" para 2030. De hecho, se prevé un aumento de 153.6 millones de personas con subalimentación para ese año, sin tomar en cuenta las repercusiones de la pandemia de COVID-19, que podría añadir entre 83 y 132 millones de personas en este año 2020. Después de décadas de largo declive, desde 2014 el número de personas que padecen hambre ha ido en aumento, y en 2019, la prevalencia de la inseguridad alimentaria grave y moderada fue del 29.5%, que se traduce en 2,000 millones de personas.

De acuerdo con la FAO (2020), la inseguridad alimentaria está presente alrededor de todo el globo; sin embargo, la gran mayoría de las personas que padecen hambre e inseguridad alimentaria se encuentran en los países en desarrollo. La mayoría de las personas con hambre crónica se encuentran en Asia y el Pacífico.

En términos de la profundidad del hambre, el déficit de alimentos es mayor en el África subsahariana, donde alrededor del 46% de las personas con desnutrición sufren un déficit promedio de más de 300 kilocalorías (Ruzben-Rola &

Hardaker). Por otro lado, América Latina y el Caribe, son las regiones en las que la inseguridad alimentaria ha estado aumentando con más rapidez.

Estado de seguridad alimentaria sustentable.

La sustentabilidad tiene todo que ver con la seguridad alimentaria y el desarrollo de la población; si se quiere garantizar una seguridad alimentaria a largo plazo, indiscutiblemente se tiene que considerar la sustentabilidad en cada una de sus dimensiones.

En la Agenda de Desarrollo de la ONU también podemos ver que se destaca la necesidad del desarrollo sustentable. En primera instancia, la base sobre la que el mundo produce alimentos y garantiza su consumo saludable debe ser sostenible. Sin embargo, hoy en día la forma de producción de los alimentos es responsable de entre el 21% y el 37% de las emisiones antropogénicas de gases de efecto invernadero, lo que lo convierte en uno de los principales factores del cambio climático (FAO, FIDA, OMS, PMA y UNICEF, 2020). Esto incluye la agricultura y sus emisiones directas e indirectas, como la energía gastada en la fabricación de fertilizantes y su uso en exceso, en la utilización y producción de maquinaria y el transporte, además de las emisiones que se generan en la elaboración y distribución de los alimentos.

Es de gran importancia tener esto en cuenta, puesto que todos los aspectos de la seguridad alimentaria son afectados por el cambio climático, incluido el acceso a los alimentos, el uso de estos, y la estabilidad de los precios (IPCC, 2014). La FAO prevé que el cambio climático provocará un descenso general de la producción agrícola a lo largo de las próximas dos o tres décadas; esto debido al aumento de la frecuencia de las sequías, la interrupción de la producción de alimentos debido a inundaciones y tormentas tropicales.

Otro efecto de las inundaciones y las sequías es que inciden directamente en el acceso a los alimentos en la mayoría de los países en desarrollo (IPCC, 2014). La degradación y urbanización de la tierra también es un problema en estos países; esto se debe principalmente a la erosión del suelo, la pérdida de nutrientes, daños por prácticas agrícolas inadecuadas y uso indebido de productos químicos. Todo esto, sumado al constante crecimiento de la población, ha provocado una disminución sustancial de la tierra cultivable per cápita (FAO, 1995). Por otro lado, la FAO estima que actualmente entre el 71% y el 78% de las poblaciones de peces están plenamente explotadas, sobreexplotadas o recuperándose.

La sobreexplotación se produjo debido a la rápida expansión de la flota pesquera mundial, los enormes avances en las tecnologías pesqueras, la escasa comprensión de la dinámica de las poblaciones de peces, la poca preocupación por garantizar rendimientos sostenibles y la falta de implantación de sistemas de gestión eficaces (1994).

Debido a una población que continúa creciendo, y una creciente demanda de alimentos y agua, también se necesita garantizar que el suministro del agua sea sostenible y que los ecosistemas que contribuyen a esto estén protegidos. Aunque actualmente el total de agua dulce disponible en el mundo se considere suficiente para satisfacer la demanda actual, la distribución desigual de los recursos de agua dulce en el mundo y la creciente contaminación actual de muchas vías fluviales y acuíferos dan como resultado una situación en la que al menos 30 países estén en un estrés hídrico, que 20 países tengan escasez de agua (Shah et al, 2005) y que se prevea que la cantidad de estos países aumente el doble para 2050, aumentando a su vez, la conflictividad entre los países por el control y la gestión de las aguas (Dunne, 2020). En resumen, a pesar de los esfuerzos de organizaciones internacionales, la forma en la que se explota la tierra y los ecosistemas continúa teniendo consecuencias ambientales, sociales, económicas y de inseguridad alimentaria que, además, se prevé que se agudicen en el futuro.

Causas de la inseguridad alimentaria.

Las causas de la inseguridad alimentaria son múltiples, pero a nivel nacional, la inseguridad alimentaria puede ser el resultado de fallas en el desarrollo de algunos países; por ejemplo, naciones que no cuentan con los alimentos suficientes para su población y que tampoco tienen los medios necesarios para adquirirlos en los mercados internacionales.

La pobreza también es una falla en el desarrollo o resultado de patrones de desarrollo sesgados que excluyen a partes de la población. Las personas en pobreza no tienen los medios adecuados para asegurar su acceso a los alimentos, incluso cuando sí se encuentran alimentos disponibles en los mercados locales o regionales (EOLSS). Por esta razón se considera que es la principal causa de la inseguridad alimentaria. Esto, como un problema estructural, se da de forma persistente: políticas discriminatorias hacia la agricultura y la producción alimentaria, deterioro del potencial productivo, deterioro de los términos de intercambio o de la capacidad para importar alimentos y deterioro de la infraestructura de caminos, puertos y bodegas de almacenamiento, son algunas de las causas por las cuales personas sufren de este tipo de inseguridad alimentaria (León et al, 2004).

La pobreza abarca muchos aspectos, como la privación de ingresos, la deficiencia en la salud y la educación. Las personas con bajos ingresos suelen ser las personas con más problemas en su salud y con más bajos niveles de educación. Por un lado, la salud se ve afectada por el estado nutricional del individuo, pero al mismo tiempo determina la capacidad de utilizar los nutrientes de lo que se consume. La salud también está determinada por el entorno de las personas, como el agua y el saneamiento y las condiciones de la vivienda, así como las prácticas y el acceso a los servicios de salud adecuados (Zezza & Stamoulis). En cuanto a la educación, la falta de ésta les impide a las personas en pobreza emprender un trabajo productivo y gratificante; además, si se tiene mala salud, estas personas a su vez tienen menos capacidad para participar en las actividades económicas. En resumen, se trata de un ciclo de pobreza del que es difícil salir sin ningún tipo de intervención (Ruzben-Rola & Hardaker).

El aumento de la población también es un factor dentro de la inseguridad alimentaria, especialmente en los países en desarrollo. Se prevé que la población mundial aumente a 9.7 billones de habitantes en 2050 (Roser, 2019).

Áreas donde la tierra es frágil o limitada, así como el fracaso en la producción agrícola y falta de tierras arables, pueden provocar una disminución en la producción de alimento per cápita (Ruzben-Rola & Hardaker). De acuerdo con el análisis de Dyson (1996), la seguridad alimentaria es una cuestión de justicia distributiva, y el desafío es hacer que los mercados funcionen de manera más eficiente y suavizar las barreras para una distribución efectiva. Sin embargo, incluso si se pudiera resolver el problema de una mala distribución, con políticas económicas y sociales, eso no asegura de ninguna forma una sostenibilidad a largo plazo.

Políticas económicas de seguridad alimentaria y sustentabilidad

En general, se necesita producir más alimentos, ponerlos a disposición de más personas y adoptar sistemas alimentarios que se adapten a una era de cambio climático, estrés hídrico, y tensiones en el uso de la tierra. La pregunta es, ¿cómo? La inseguridad alimentaria y el manejo no sustentable de los recursos se deben generalmente a fallas institucionales, en el sentido de que no existen reglas o mecanismos que regulen de forma eficiente el acceso y el uso de la sociedad (o ciertos grupos específicos) a los recursos y a los alimentos (Sánchez, 2006).

Estas políticas y programas que tienen como objetivo lograr un verdadero desarrollo sustentable, no surgirán por sí solas, por lo que es sumamente importante contar con instituciones fuertes y políticas eficientes para la protección y el uso de los recursos. Por esto, el Estado juega un papel fundamental en estas implementaciones, ya que en general las industrias o los mercados ofrecen muy escasos incentivos para reducir el impacto ambiental.

En el caso de los problemas estructurales en el acceso alimentario, las posibles soluciones implican con frecuencia cambios en la estructura productiva del sector agroalimentario y en la de los sistemas de distribución y en el abandono de los sesgos urbano-industriales de las políticas públicas. Estas estrategias se pueden acompañar con acciones públicas para estabilizar los mercados alimentarios, y asistencia a los más vulnerables (Zezza & Stamoulis, 2017).

Por otro lado, la dependencia de la gran mayoría de la población mundial a los mercados para acceder a los alimentos ha ocasionado que diversos autores destaquen la importancia de revalorizar los sistemas de producción campesina, donde el cultivo doméstico puede incrementar la oferta y bienes sociales y ambientales, siendo además una estrategia de autosuficiencia alimentaria, y un sustento económico más ecológico (Mariscal, Ramírez, & Pérez Sánchez, 2017). Sumado a esto, se requiere también el uso generalizado de tecnologías flexibles adecuadas a la diversidad de los ecosistemas, con un empleo diversificado y sostenible de los recursos naturales (Bartra, 2008). Un ejemplo son los llamados "sistemas de producción agroecológica", sistemas agro diversos, resilientes, eficientes en el uso de la energía, y basados en estrategias de soberanía alimentaria (Pérez Vázquez, et al., 2018).

En general hay un amplio espectro de políticas que se pueden realizar para afectar directa o indirectamente la seguridad alimentaria, como políticas que afectan la pobreza, los precios, la producción de alimentos, los salarios, el empleo, etcétera. Aquí, sin embargo, se tiene que tomar muy en consideración las necesidades, los recursos y la cultura de cada país, puesto que cada economía es distinta y los mismos modelos pueden no funcionar en todas ellas.

Retos de la economía ambiental

Como ya se sabe, el desarrollo sustentable tiene que ver con asegurar que el bienestar humano sea mantenido a lo largo del tiempo, y que cualquier acción tomada ahora no perjudique a las futuras generaciones; ya sea de forma directa, como en el caso del cambio climático, o refiriéndose a la escasez de recursos, como en el caso del agua. Desafortunadamente, esto no es posible sin cambiar el sistema que lo origina; la necesidad y la misma idea de desarrollo sustentable implica que el desarrollo que se está dando no se puede sostener por sí mismo. O al menos, que no es posible con los medios y en la civilización industrial actual, que se dedican a multiplicar la exigencia de recursos y la emisión de residuos a un ritmo muy superior al de los productos obtenidos (Naredo, 2002).

Por mucho que se intente mejorar la eficiencia de los procesos y el reciclaje, esto no ofrece una solución al problema real. Por sí mismo, es complicado introducir los principios de una política ambiental en los gobiernos nacionales, ya que frecuentemente supera la capacidad administrativa y la capacidad para hacer cumplir las normas y leyes ambientales; pero hay otro problema, porque, aunque se acataran estas normas o leyes, la economía ambiental seguiría teniendo conflictos muy importantes en su núcleo. Naredo (2002) ofrece una importante visión en este tema, y nos plantea estos problemas tan importantes a los que se enfrenta la economía ambiental, y por lo tanto, a lo que se enfrentan las políticas públicas de esta materia. Uno de los retos radica en el mecanismo de valoración del "capital natural", el cual es una barrera para la cuestión del cálculo de los costos de reposición de los recursos naturales.

La economía estándar utiliza el razonamiento monetario como la guía principal para la gestión; resalta la creación de valor y utilidad, pero deja de lado lo que ocurre con los recursos naturales y los residuos, ya que esto carece de valor. Es decir, se registra solo el coste de extracción y manejo de los recursos, pero no el de la reposición. Lo problemático del asunto es que, si bien se puede contar con los procedimientos generalmente aceptados para calcular el coste físico y monetario de los bienes producidos por la industria humana, esto no ocurre en el caso de intentar calcular el capital natural. Se necesita un enfoque alternativo. Naredo también explica la asimetría creciente que relaciona la valoración monetaria y el coste físico en la cadena de procesos que conduce a la venta final de producto, al mismo tiempo que los ingresos se tienden a distribuir "en proporción inversa a la penosidad del trabajo que retribuyen" (Naredo, 2002). De acuerdo con el autor, la tasa creciente de revalorización creciente de los productos a medida que los procesos avanzan hacia la fase de comercialización arrastra hacia un panorama territorial y social polarizado. Una consecuencia lógica de esta Regla puede verse en la "curva de Kuznet", que señala que a medida que la renta per cápita en los países aumenta, determinadas emisiones de contaminantes disminuyen (Figura 1-7).

En este caso, el autor comenta que los países y regiones con más ingresos se especializan en actividades de gran valor añadido por unidad de coste físico, o de recursos utilizados, y dejan para otros territorios fases más costosas, tanto en recursos como en contaminación. Naredo continúa: "Hay que subrayar que este sistema se apoya en el crecimiento continuo de estos activos financieros, sin el cual la continua promesa de ganancias futuras acrecentadas y la cotización y aceptación de tales activos se derrumbaría". Lo que explica Naredo puede ser considerado como "la base de la base", en tanto es necesaria la reconsideración de estos temas para qué la implementación de políticas y programas tengan un efecto real en el problema ecológico y que, a su vez, esto tenga un efecto positivo en las vidas humanas y no humanas. Se puede concluir entonces, que, para una política efectiva, no se trata de optar por medidas para una explotación "óptima" de los recursos, sino de la necesidad de nuevos parámetros y valores que estén desde el principio y durante todo el proceso de las decisiones económicas en las naciones de todo el mundo.

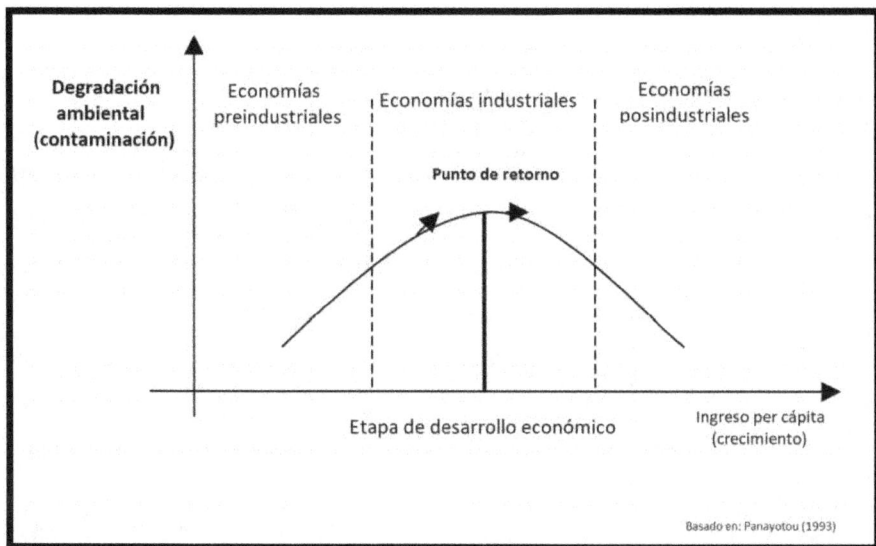

Figura 1-7. Curva de Kuznet

CAPÍTULO 8

Codex Alimentarius

El crecimiento demográfico y el cambio climático son cuestiones importantes que tienen un efecto directo en nuestro suministro de alimentos, y viceversa, la manera en que cultivamos, elaboramos y consumimos los alimentos tiene consecuencias para el medio ambiente. La sanidad animal y vegetal reviste una importancia esencial para la salud humana. Al tiempo que las Naciones Unidas han trazado el rumbo hacia el "mundo que queremos" a través de la Agenda 2030 para el Desarrollo Sostenible y sus 17 Objetivos de Desarrollo Sostenible, la Inocuidad y Calidad de los Alimentos, las condiciones de competencia equitativas en el comercio, las dietas saludables y nutritivas y la facilitación de información a los consumidores son elementos todos ellos que pueden mejorar de forma significativa el mundo en el que vivimos. Muchas sustancias utilizadas en la producción alimentaria acaban en los alimentos como residuos. Si bien los plaguicidas protegen las plantas de plagas que pueden arruinar nuestra cosecha y provocar hambrunas, sus niveles de residuos deben mantenerse bajos para eliminar cualquier riesgo para la salud. Análogamente, los residuos de los medicamentos veterinarios empleados en la producción animal para que los animales se mantengan sanos pueden acabar en los alimentos, así como los aditivos alimentarios usados para facilitar la producción. *¿Qué limites no deben sobrepasar los alimentos para ser inocuos? ¿Cómo se deciden estos límites? ¿Qué actores internacionales participan en la evaluación y gestión de riesgos para proteger la salud de los consumidores y garantizar prácticas equitativas en el comercio de alimentos de manera eficaz?* Estas son cuestiones complejas de crucial importancia para la cadena mundial de suministro alimentario y exigen asociaciones de ámbito mundial para evaluar y gestionar los riesgos. El sistema de las Naciones Unidas reúne conocimientos especializados de máxima calidad a través de un proceso colaborativo con base científica y con ello crear el Codex Alimentarius, una recopilación de normas alimentarias, directrices y códigos de prácticas en continua evolución gracias a las aportaciones conjuntas de expertos científicos imparciales y la participación equitativa de países que representan más del 99 % de la población mundial.

Es necesario recordar que la alimentación es un aspecto fundamental de la cultura ya que permite, por un lado, la expresión de formas organizativas y de relación del hombre con su entorno y, por otro, mantener las condiciones básicas de producción y reproducción de la vida social y está constituido por etapas básicas de: necesidad, obtención, procesamiento, consumo y replanteamiento de la necesidad de alimentarse.

Los procesos de alimentación se generan en ámbitos sociales, económicos, políticos, ecológicos y religiosos, también se considera tradicional cuando conserva pautas culturales que se han transmitido de generación en generación (como son las formas de preparación y consumo, así como el tipo de alimentos), aunque con el paso del tiempo se incorporen nuevos productos haciendo que las dietas alimenticias sean más variadas. Para la FAO, la finalidad es garantizar alimentos inocuos y de calidad a todas las personas y en cualquier lugar y a través de los tiempos se ha avanzado en la normatividad para garantizar los propósitos pretendidos (Tabla 1).

De forma paralela, el comercio internacional de alimentos existe desde hace miles de años, pero hasta no hace mucho los alimentos se producían, vendían y consumían principalmente en el ámbito local. Durante los últimos tiempos, el volumen de alimentos comercializados a escala internacional ha crecido exponencialmente y, hoy en día, una cantidad y variedad de alimentos nunca imaginada, recorre todo el planeta. Para esto, las normas alimentarias, directrices y códigos de prácticas internacionales de la Codex Alimentarius cobran mayor importancia ya que contribuyen a la inocuidad, la calidad y la equidad en el comercio internacional de alimentos. Los consumidores pueden confiar en que los productos alimentarios que adquieren son saludables y de calidad, y los importadores, en que los alimentos que han encargado se ajustan a sus especificaciones.

Tabla 1. Hitos en la evolución de las Normas Alimentarias

Norma	Fecha
Las primeras civilizaciones intentan codificar los alimentos	En la antigüedad
Se inventa la conserva en lata.	Inicio del siglo XIX
Se envían por vez primera plátanos de los trópicos a Europa.	Mediados del siglo xix
Se aprueban las primeras leyes alimentarias de carácter general y se establecen organismos para velar por su cumplimiento. La química de los alimentos adquiere credibilidad y se idean métodos fiables para comprobar la adulteración de los alimentos	Siglo XIX
Los primeros envíos internacionales de carne congelada de Australia y Nueva Zelandia al Reino Unido inauguran una nueva era en el transporte de alimentos a larga distancia	Finales del siglo XIX
Asociaciones relacionadas con el comercio de alimentos intentan facilitarlo mediante la utilización de normas armonizadas.	Comienzos del siglo XX
La Federación Internacional de Lechería (FIL) elabora normas internacionales para la leche y los productos lácteos. (La FIL desempeñará más adelante una importante función catalizadora en la concepción de la Comisión del Codex)	1903
Se crea la FAO con funciones que abarcan la nutrición y las normas alimentarias internacionales correspondientes	1945
Se crea la OMS con funciones que abarcan la salud humana y, en particular, el mandato de establecer normas alimentarias.	1948
Argentina propone un código alimentario para América Latina, el Código Latinoamericano de Alimentos	1949
Comienzan las reuniones conjuntas FAO/OMA de expertos sobre nutrición, aditivos alimentarios y esferas afines	1950
El principal órgano rector de la OMS, la Asamblea Mundial de la Salud, declara que la utilización cada vez más amplia de sustancias químicas en la industria alimentaria representa un nuevo problema para la salud pública al que es necesario prestar atención	1953
Austria promueve la creación de un código alimentario regional al CODEX alimentario europeo	1954-1958
La primera Conferencia Regional de la FAO para Europa ratifica la conveniencia de un acuerdo internacional - distinto del regional- sobre normas alimentarias mínimas e invita al Director General de la Organización a que presente a la Conferencia de la FAO propuestas relativas a un programa conjunto FAO/OMS sobre normas alimentarias	1960

El Consejo del Codex Alimentario Europeo aprueba una resolución en la que se propone que la FAO y la OMS se hagan cargo de sus actividades relacionadas con las normas alimentarias.	1961
Con el apoyo de la OMS la Comisión Económica de las Naciones Unidas para Europa (CEPE), la Organización de Cooperación y Desarrollo Económicos (OCDE) y el Consejo del Codex Alimentario Europeo, la Conferencia de la FAO establece el Codex Alimentario y decide crear un programa internacional sobre normas alimentarias.	1961
La conferencia de la FAO decide establecer una Comisión del Codex Alimentario y pide a la OMS que ratifique cuanto antes un programa conjunto FAO/OMS sobre normas alimentarias.	1961
La conferencia conjunta FAO/OMS sobre Normas Alimentarias pide a la Comisión del Codex Alimentario que aplique un programa conjunto FAO/OMS sobre normas alimentarias y cree el Codex Alimentario.	1962
Reconociendo la importancia del papel de la OMS en todos los aspectos de la alimentación relacionados con la salud y teniendo en cuenta su mandato de establecer normas alimentarias, la Asamblea Mundial de la Salud aprueba el establecimiento del Programa Conjunto FAO/OMS sobre Normas Alimentarias y aprueba los Estatutos de la Comisión del Codex Alimentario.	1963

De esta forma, es obvio que La función de la Comisión del Codex Alimentarius debe de evolucionar de forma constante ya que requiere de una constante adaptación en función a los retos y desafíos en la producción y el comercio de alimentos. Con el avance de la ciencia, la aparición de nuevos productos y métodos de producción y los cambios del propio mundo y su clima, crear un código alimentario y mantenerlo actualizado es una tarea prácticamente interminable. Los alimentos que se consumen se sitúan en la punta de un iceberg de conocimientos y capacidades de todas las personas que trabajan en la cadena alimentaria. Elaborar normas que protejan a los consumidores, garanticen prácticas leales en la venta de alimentos y faciliten el comercio es un proceso en el que participan especialistas de numerosas disciplinas científicas relacionadas con la alimentación, en colaboración con organizaciones de consumidores, las industrias de la producción y la elaboración, administradores de control alimenta-rio y comerciantes.

La Comisión del Codex Alimentarius sirve como centro de coordinación internacional y foro para entablar diálogos documentados por medio del establecimiento de redes de expertos que trabajan en todos los temas pertinentes a lo largo de la cadena alimentaria. A escala nacional la participación en el Codex ha dado lugar a la introducción de legislación alimentaria y normas, así como al establecimiento de organismos de control alimentario, o el fortalecimiento de los existentes, encargados de supervisar el cumplimiento de estos reglamentos. Asimismo, los seis comités coordinadores regionales de la FAO y la OMS, encargados de definir los problemas y las necesidades de la región en materia de normas alimentarias y control de alimentos. ofrecen una cobertura geográfica indispensable para determinar las dificultades y necesidades particulares de cada región en la esfera de las normas alimentarias y el control de alimentos. Estos comités han puesto en marcha recientemente un proceso de revitalización encaminado a promover su papel como foros principales para debatir las cuestiones relacionadas con la inocuidad y calidad de los alimentos a nivel regional. Además, trabajando colectivamente a escala regional, los países pueden poner de relieve las cuestiones de regulación y los problemas que plantea el control de los alimentos con objeto de fortalecer las infraestructuras de control alimentario. Los comités son:

> *Comité Coordinador Regional del Codex para África (CCAFRICA) - Coordinador regional: Kenya*
> *Comité Coordinador Regional del Codex para Asia (CCASIA) - Coordinador regional: India*
> *Comité Coordinador Regional del Codex para Europa (CCEURO) - Coordinador regional: Kazajstán*
> *Comité Coordinador Regional del Codex para la la Región de América Latina y el Caribe (CCLAC) – Coordinador Regional: Chile*
> *Comité Coordinador Regional del Codex para América del Norte y el Pacífico Sudoccidental (CCNASWP) - Coordinador regional: Vanuatu*
> *Comité Coordinador Regional del Codex para el Cercano Oriente (CCNE) - Coordinador regional: Irán*

Las normas, las directrices y los códigos de prácticas del Codex (llamados genéricamente "textos del Codex") son recomendaciones, lo que significa que su aplicación es voluntaria. Los Estados Miembros deben adoptar medidas jurídicas a escala nacional para incorporar las orientaciones del Codex a su legislación o reglamentos para que sean aplicables. Algunos textos, como los códigos de prácticas, se utilizan ampliamente en la capacitación con el fin de lograr un cambio en el comportamiento de los productores que dará lugar a alimentos más inocuos.

Las normas generales, las directrices y los códigos de prácticas del Codex se aplican en forma horizontal a diversos ámbitos, tipos de alimentos y procesos. Estos textos tratan sobre prácticas de higiene, etiquetado, aditivos, inspección y certificación, nutrición y residuos de medicamentos veterinarios y de plaguicidas. A su vez, los códigos de prácticas del Codex se dividen en categorías: Los códigos de prácticas de higiene, que definen las prácticas de producción, elaboración, fabricación, transporte y almacenamiento de alimentos o grupos de alimentos, que se consideran esenciales para garantizar la inocuidad y aptitud de los alimentos para el consumo. Por ejemplo, en el caso de la higiene alimentaria, el texto básico se titula *Principios generales de higiene de los alimentos y en él se presenta el uso del sistema de gestión de la inocuidad alimentaria basado en el análisis de peligros y de puntos críticos de control* (APPCC), un enfoque para determinar y brindar opciones para hacer frente a los peligros que es fundamental para los trabajos modernos sobre inocuidad.

Las normas del Codex se basan en datos científicos sólidos. Expertos y especialistas de una gran variedad de disciplinas han contribuido a todos los aspectos de las actividades del Codex Alimentarius para asegurar que defienda los principios científicos más rigurosos. Es justo decir que la labor de la Comisión del Codex Alimentarius ha proporcionado un punto de enfoque para la investigación científica alimentaria; la Comisión y sus órganos de asesoramiento de expertos de la FAO y la OMS constituyen conjuntamente un importante foro internacional para el intercambio de información científica relacionada con los alimentos. Todo sustentado en los siguientes que se muestran en la Tabla 2.

Tabla 2. Principios fundamentales del asesoramiento científico

EXCELENCIA	Se emplean conocimientos especializados reconocidos internacionalmente, respaldados por la creación de una plataforma para la celebración de debates científicos mundiales sobre la base de las mejores prácticas para elaborar orientaciones.
INDEPENDENCIA	Los expertos realizan contribuciones a título personal y no en nombre de un gobierno o institución y están obligados a declarar posibles conflictos de intereses.
TRANSPARENCIA	Se adoptan procedimientos y métodos para asegurar que todas las partes interesadas comprendan los procesos relativos a la prestación de asesoramiento científico y tengan acceso a los informes, a las evaluaciones de la inocuidad y de otra índole y a otra información básica.
UNIVERSALIDAD	A fin de acceder a la amplia base de datos científicos de suma importancia para las actividades de elaboración de normas internacionales, se invita a las instituciones y partes interesadas de todo el mundo a facilitar datos; para contribuir a este principio, uno de los objetivos del Plan Estratégico del Codex 2014-2019 es "aumentar la aportación científica de los países en desarrollo"

Sin embargo, en la última década, los sistemas de seguridad alimentaria se han enfrentado a muchos riesgos emergentes de una cadena de suministro agroalimentaria globalizada, sistemas de producción de alimentos agrícolas intensificados y un cambio en los patrones de transmisión de enfermedades influenciados por factores ambientales como el cambio climático. Estos desafíos, todos relacionados con nuevas tecnologías, representan retos para generar nuevos eslabones de la cadena de tal forma, que se mejore la transparencia y trazabilidad, la secuenciación del genoma completo para la detección de patógenos zoonóticos y transmitidos por los alimentos, así como la biotecnología y la nanotecnología utilizadas en la producción de alimentos; todo aportando nuevos conocimientos sobre la gestión de la seguridad alimentaria. La OMS prevé que esta estrategia debería estar más orientada a los Estados Miembros y que los países deberían poder adoptarla y aplicarla plenamente. En 2019, las reuniones del Comité Regional del Codex se utilizaron como punto de entrada para que los Estados miembros debatieran en cómo dar pasos hacia adelante para elevar la inocuidad de los alimentos dentro de la agenda en política internacional. Como resultado, la resolución entró en vigor y fue bien recibida por todas las partes interesadas. Ahora que la OMS está actualizando la estrategia, el Codex también será una de las vías más importantes para futuras consultas. Como 2020, ha sido un año desafiante para todos y con la pandemia de COVID-19, las prioridades cambiarán en la agenda de salud mundial. Sin embargo, con esta nueva resolución de seguridad alimentaria y el apoyo continuo de todos los socios, independientemente de los cambios en la agenda, los gobiernos y los responsables políticos nunca deben descuidar la importancia de la seguridad alimentaria, ya que los alimentos seguros son una necesidad para todos, en todo momento, en todas las sociedades. El impacto de COVID-19 se ha sentido en todas partes y por todos. El mundo necesita ahora más que nunca que todos nos unamos. Juntos podemos ayudar a garantizar que todos, en todas partes, tengan acceso suficiente a alimentos seguros y nutritivos. El trabajo de la Comisión del Codex Alimentarius es clave en este sentido. Hasta ahora, no se ha registrado un solo caso de COVID-19 en el que se haya encontrado que los alimentos hayan transmitido el virus; La transmisión directa de persona a persona continúa impulsando la pandemia. Sin embargo, las reacciones a la pandemia han provocado perturbaciones en el mercado, incertidumbres y desafíos en la cadena de suministro. El suministro de alimentos está en riesgo, no por la seguridad alimentaria, sino por la seguridad de los trabajadores. Cuando los trabajadores dentro de la cadena alimenticia están enfermos, los alimentos no pueden llegar a los consumidores. La situación es particularmente difícil en entornos informales, donde ninguna ayuda o seguro gubernamental puede ayudar a complementar los ingresos para proporcionar incentivos suficientes para que los trabajadores enfermos se queden en casa y mejoren. La pandemia actual ha creado conciencia sobre cuán vulnerables son nuestras cadenas de suministro, cuán vulnerable es la seguridad alimentaria, especialmente en los países de ingresos bajos y medianos. Dependerá de todos los Miembros de la FAO para ayudar en la crisis actual, para ayudar a que los alimentos sean seguros en todas partes y para todos. Hoy, más que nunca, sabemos que la seguridad alimentaria es realmente un asunto de todos.

Adecuación de las Medidas Sanitarias y fitosanitarias (MSF) por COVID-19

La pandemia de COVID-19 en curso destaca los desafíos que enfrentan los gobiernos en la implementación de medidas para reducir los riesgos para la salud humana y, al mismo tiempo, facilitar el comercio seguro. En general, las estadísticas de la OMC estimaron una disminución del 18.5 por ciento en el comercio mundial de mercancías en el segundo trimestre de 2020 (en comparación con el mismo período del año pasado) y una caída del 14 por ciento en el volumen del comercio mundial de mercancías entre el primer y segundo trimestre de este año. El Comité de medidas sanitarias y fitosanitarias (MSF) de la Organización Mundial del Comercio (OMC) celebró una sesión de intercambio de información sobre el COVID-19 en junio de 2020, donde los Miembros de la OMC reconocieron la capacidad de recuperación de los sistemas de producción agrícola y alimentaria, a pesar de los desafíos enfrentados en los últimos meses.

Muchos miembros subrayaron la necesidad de respetar los principios básicos del Acuerdo MSF, como la transparencia y la base científica, en el diseño y la implementación de las medidas COVID-19, y la función de la orientación de la

FAO/OMS y la OIE. El Codex, la OIE y la CIPF proporcionaron actualizaciones sobre su trabajo.

Con respecto a la transparencia, de las 224 notificaciones a la OMC de medidas comerciales relacionadas con COVID-19, el 29 por ciento se ha presentado de conformidad con el Acuerdo MSF. Al inicio de la crisis, las restricciones comerciales de emergencia sobre las importaciones de animales y productos animales de las áreas afectadas fueron las más comunes; sin embargo, desde abril de 2020, la mayoría de las notificaciones y comunicaciones relacionadas con las medidas adoptadas para facilitar el comercio (Figura 1). Algunos ejemplos de facilitación del comercio incluyen aceptación de certificados electrónicos/escaneados y la identificación de sitios web dedicados a verificar la validez de o enviar certificados.

A pesar de las incertidumbres del mercado, la comercialización de bienes y servicios ha mostrado una resiliencia a pesar de las preocupaciones actuales resultado de la pandemia del COVID-19. Lo anterior, resultado del monitoreo de la OMC, la cual desarrollo un barómetro con datos permanentemente actualizados y que pueden ser consultados en su página https://www.wto.org y cuyas tendencias se muestran en la Figura 2. El Barómetro del comercio de mercancías de la OMC proporciona información en tiempo real sobre la trayectoria del comercio mundial de mercancías en relación con las tendencias recientes. La lectura actual de 100.7 está cerca del valor de referencia de 100 para el índice, lo que refleja la resistencia del comercio luego de una fuerte caída en el segundo trimestre vinculada a la pandemia de COVID-19. Este resultado es en general coherente con las previsiones comerciales de octubre de la OMC, que pronosticaban un fuerte repunte del volumen del comercio de mercancías en el tercer trimestre a medida que las economías comenzaran a reabrirse, seguido de un crecimiento más lento a partir de entonces. A pesar de la lectura positiva, la fortaleza de la recuperación comercial sigue siendo incierta, ya que es probable que las segundas oleadas de COVID-19 pesen sobre el crecimiento en el futuro.

El comercio mundial de mercancías parece recuperado con fuerza después de desplomarse en medio de la pandemia de COVID-19, pero no está claro si el crecimiento puede sostenerse en el futuro, según el último Barómetro del Comercio de Mercancías de la OMC publicado el 20 de noviembre. Un fuerte aumento en el índice barómetro fue impulsado por un aumento en los pedidos de exportación, pero lecturas mixtas en otros componentes y el resurgimiento de COVID-19 podrían afectar el comercio en los próximos meses.

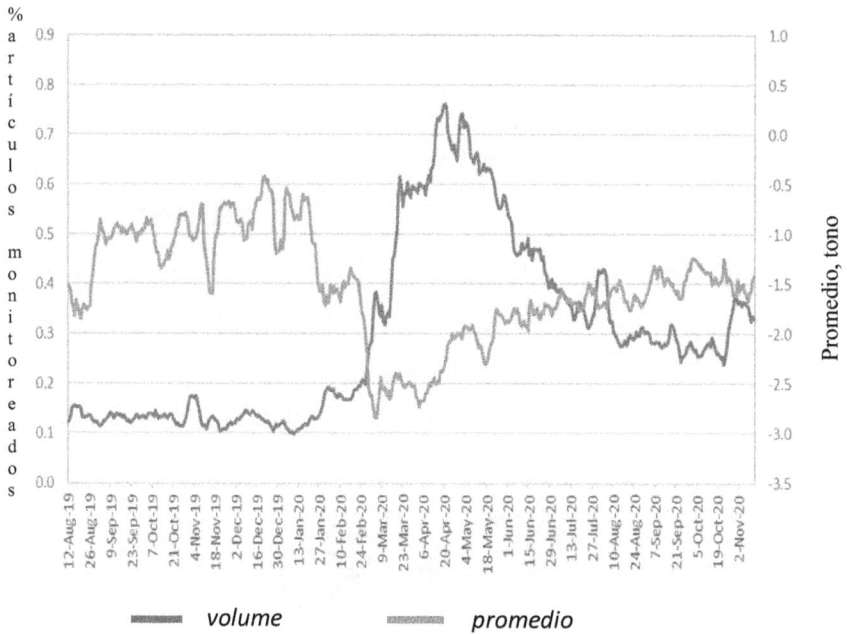

Figura 1. Se muestra el volumen diario y el tono promedio de los informes de noticias que contienen la frase "actividad económica", según lo monitoreado por el Proyecto GDELT. El índice de tono cayó drásticamente a medida que la cobertura de prensa se volvió más negativa entre enero y marzo, luego aumentó gradualmente entre abril y septiembre a medida que la incidencia de COVID-19 disminuyó en las principales economías. El tono de los informes de prensa se volvió más negativo en octubre a medida que aumentaron los casos en Europa y América del Norte, con un repunte registrado tras el anuncio de una vacuna eficaz contra el coronavirus el 9 de noviembre. El índice de volumen se movió en la dirección opuesta, subiendo a fines de octubre a medida que aumentaba el COVID-19, y luego descendió después del anuncio de la vacuna

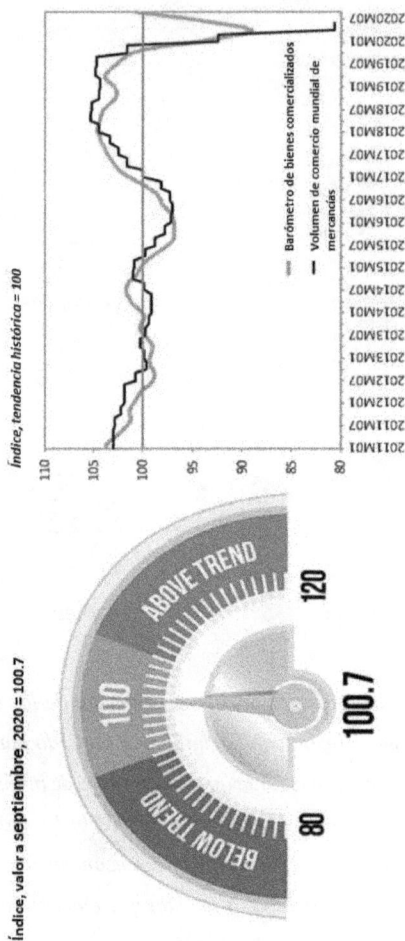

Figura 2. La lectura actual del Barómetro de Comercio de Mercancías de 100,7 marca una mejora dramática con respecto a los 84,5 registrados en agosto pasado, lo que reflejó el colapso del comercio y la producción en el segundo trimestre cuando se emplearon cierres y restricciones de viaje para combatir el virus. La última lectura indica un fuerte repunte en el comercio en el tercer trimestre a medida que se suavizaron los bloqueos, pero es probable que el crecimiento se desacelere en el cuarto trimestre a medida que se agote la demanda reprimida y se complete la reposición de existencias.

SAGARPA-SENASICA

México, como país firmante en la FAO de implementar las acciones normativas del Codex Alimentarius, estableció que la institución gubernamental responsable de las actividades relacionadas a la producción y manejo de alimentos es la encargada para realizar inspecciones y regulaciones del Codex. La Secretaría de Agricultura y Desarrollo Rural (SADER) tiene como un órgano administrativo desconcentrado el Servicio Nacional de Sanidad, Inocuidad y Calidad Agroalimentaria (SENASICA) que entre sus atribuciones está el prevenir la introducción al país de plagas y enfermedades que afecten nuestro sector agroalimentario, lo que realiza mediante el control sanitario de las importaciones, exportaciones, reexportaciones y tránsito de mercancías, todo esto sustentado en ordenamientos legales.

Así de esta forma El SENASICA protege los recursos agrícolas, acuícolas y pecuarios de plagas y enfermedades de importancia cuarentenaria y económica. Además, regula y promueve la aplicación y certificación de los sistemas de reducción de riesgos de contaminación de los alimentos y la calidad agroalimentaria de estos, para facilitar el comercio nacional e internacional de bienes de origen vegetal y animal y el objetivo de sus actividades debe realizarse en los puntos de ingreso al país, con la finalidad de prevenir y evitar el ingreso de plagas y/o enfermedades que pudieran traer consigo las mercancías reguladas por SADER, que pretendan ingresar a territorio nacional con fines comerciales o aquellas que traigan consigo los pasajeros como parte de su equipaje y que arriban a los puertos, aeropuertos y cruces fronterizos. Dentro de las consideraciones para ingresar mercancías agroalimentarias a nuestro país están las siguientes; Se prohíbe ingresar carnes (frescas, congeladas, refrigeradas), quesos frescos, y productos de elaboración casera o artesanal, frutas y hortalizas frescas, flores y follajes frescos, material propagativo (bulbos, esquejes, plántulas), tierra, camarón o langosta crudos entre otros crustáceos. Sólo se permiten ingresar productos y subproductos de origen vegetal tales como hortalizas y frutas deshidratadas sin hueso o semilla; especias secas (vainilla, canela, clavo, nuez moscada, macis, amomos, cardamomos, anís, cilantro, hinojo, jengibre, azafrán, cúrcuma, tomillo, laurel, curry, etc.), almendras, avellana, nuez de nogal sin cáscara, café tostado y molido, harinas de granos y cereales, hierba mate, tabaco procesado, Kits de uso personal (40 piezas máximo, previa inspección rigurosa y desinfección).

Así también; Sólo se podrá ingresar de manera turística productos alimenticios de origen animal como: lácteos, jamones y embutido y preparaciones alimenticias cumpliendo con los requisitos mínimos y en volúmenes para consumo o uso personal, deben venir con empaque integro, etiquetados en español, inglés o algún otro idioma entendible (italiano, portugués, francés, etc.) y con sello de la autoridad sanitaria. Deben proceder de países que cuentan con combinación de requisitos zoosanitarios en el Módulo de Consulta de Requisitos Zoosanitarios para la Importación (MCRZI). Para el caso de países afectados por Fiebre aftosa (FA), serán aceptables únicamente si provienen de plantas autorizadas que se encuentran en el Sistema de Consulta de Plantas Autorizadas (SICPA)

En las acciones en sanidad vegetal para mejorar la situación fitosanitaria del país El Servicio Nacional de Sanidad, Inocuidad y Calidad Agroalimentaria (SENASICA), tiene la facultad de determinar y dirigir acciones de prevención, control y erradicación, a través de actividades de vigilancia epidemiológica; así como establecer requisitos y disposiciones cuarentenarias para atender oportunamente los brotes de plagas.

Dichos trabajos se realizan en coordinación con gobiernos estatales y organismos auxiliares, por consiguiente, el SENASICA es el encargado de normar y evaluar los programas operativos, así como emitir un dictamen de cumplimiento y recomendar las medidas correctivas que procedan.

Estas actividades que están sustentadas en la Ley Federal de Sanidad Vegetal procuran la mayor eficiencia de los recursos materiales y económicos, con el objetivo de garantizar a los productores la comercialización a nivel nacional e internacional; así como, ofrecer a los consumidores alimentos sanos y de calidad.

Los objetivos principales de las campañas y programas fitosanitarios consisten en detectar, controlar y prevenir la dispersión de plagas en el territorio nacional. Para ello, se realizan actividades de vigilancia epidemiológica y de control químico, biológico y legal, entre otros, para contribuir a mejorar la competitividad de los cultivos, en beneficio de los Sistemas-Producto.

Actualmente, los Organismos Auxiliares de Sanidad Vegetal realizan los trabajos en campo contra plagas de importancia cuarentenaria y económica en tres vertientes:

1. Detectar con oportunidad la introducción de plagas cuarentenarias.
2. Confinar y prevenir la dispersión de plagas cuarentenarias que han ingresado al país.
3. Mejorar o conservar la situación fitosanitaria de regiones o estados, a través de acciones de control, confinamiento y erradicación de las plagas.

Dichos trabajos están orientados a garantizar el cumplimiento de las líneas estratégicas de la Secretaría de Agricultura y Desarrollo Rural, así como del Servicio Nacional de Sanidad, Inocuidad y Calidad Agroalimentaria, con el soporte de la Ley Federal de Sanidad Vegetal. También en sus funciones está; Coordinar la movilización nacional y la exportación de vegetales, sus productos y subproductos previo cumplimiento de los requisitos fitosanitarios establecidos por la normatividad aplicable a la movilización nacional o los requisitos establecidos por el país importador a fin de evitar el establecimiento y diseminación de plagas y mantener los mercados internacionales. Controlar los programas de certificación de vegetales, sus productos y subproductos para exportación o movilización nacional, a fin de mitigar el riesgo de diseminación de plagas a los países importadores de productos vegetales mexicanos o a las zonas libres, bajo protección o de baja prevalencia de plagas reglamentadas manteniendo el estatus fitosanitario de las zonas productoras. Controlar y concentrar la información relacionada con las exportaciones o movilización nacional por cantidad, origen y destino; así como los rechazos de embarques en empacadora y puntos de ingreso.

CAPÍTULO 9

ESTRATEGIAS DEL GOBIERNO DE MÉXICO PARA EL DESARROLLO SOSTENIBLE, AGENDA 2030.

Diana Peña, Daniela Duarte, José Luis Ibave y Joel Badillo

Con el objeto de centrar el concepto, se ha definido al desarrollo sostenible como todas las actividades de progreso capaces de satisfacer las necesidades del presente sin comprometer la capacidad prospectiva de las futuras generaciones para satisfacer sus propias necesidades. Por ende, el desarrollo sostenible representa integración: desarrollarse en una manera que beneficie al conjunto más amplio de sectores, a través de fronteras e incluso entre generaciones. Para ello, se demandan esfuerzos concentrados en construir un futuro inclusivo, sostenible y resiliente para las personas y el planeta. Para lograr sus alcances, es fundamental armonizar tres elementos básicos:

i.   *el crecimiento económico,*

ii.   *la inclusión social y*

iii. *la protección del medio ambiente.*

Estos elementos están interrelacionados y son todos esenciales para el bienestar de las personas y las sociedades.

Objetivos

Existencia de elementos que, pueden ser considerados para mantener el potencial de uso de recursos naturales para la satisfacción de necesidades humanas en el futuro, como, por ejemplo: Medir los avances de las medidas que se toman para el logro del desarrollo sostenible, para ello se utilizan indicadores macroeconómicos de tipo social y ecológico.

Generación de indicadores que permitan valorar si las empresas son, rentables y al mismo tiempo sostenibles; un ejemplo de ello puede ser el porcentaje de uso de transporte que no comprometa el futuro ambiental, el porcentaje de energías renovables que usan, la cantidad de metros cuadrados que emplean y se explotan, entre otros.

Asegurar la transparencia en la generación de la información y difundirla, para que la comunidad tome acciones a través de su poder de compra, beneficiando a las empresas que usan energía renovable o cuyos métodos de producción estén comprometidos con la sostenibilidad.

Involucrar a la población directamente afectada y vulnerable.

Fomentar, a través de la inversión pública aquellas innovaciones, que permitan intensificar el uso de energía renovable.

Desmotivar el uso de energías no renovables mediante el uso de incentivos fiscales.

Promover el uso de energías renovables mediante el uso de subsidios.

Sin embargo, no se puede soslayar que para interrelacionar los objetivos del Desarrollo Sostenible se hace necesario embonar los aspectos de decisión política nacional que marque la ruta de mando sostenido a través de leyes, normas y lineamientos que sean aceptados por la mayoría de la ciudadanía. Es necesario recordar que la esencia misma de la política es tomar decisiones sobre los temas importantes para una sociedad y cómo deben manejarse. Es un proceso por el cual las personas y los grupos que pueden no estar de acuerdo entre sí intentan transformar sus creencias en reglas funcionales, o leyes, para regular la vida dentro de una comunidad. Las estructuras de gobierno que gestionan estos procesos a menudo son conservadoras y el ímpetu para una nueva manera de pensar suele provenir del exterior. En muchos casos de cambio social de relevancia, la presión para transformar leyes y actitudes ha provenido de individuos y grupos visionarios o de "organizaciones de la sociedad civil" que defienden su caso hasta que se llega a una masa crítica de opinión pública y de respaldo político. Entonces, lo que era nuevo y en ocasiones asombroso, irritante o aparentemente imposible, se convierte en la norma, en parte de nuestro tejido político y social. Es por ello, que, para el logro de los objetivos, se diseñaron los lineamientos de la Agenda 2030 para el Desarrollo Sostenible la cual representa la ruta crítica para erradicar la pobreza, proteger al planeta y asegurar la prosperidad para todos sin comprometer los recursos para las futuras generaciones. Esencialmente consiste en 17 objetivos que incluyen 169 metas específicas y 231 indicadores globales para el Desarrollo Sostenible, constituyéndose en una agenda integral y multisectorial. Así mismo, cada país diseñar sus indicadores nacionales para cumplir con los compromisos de la Agenda 2030, centrada en:

ES UN PLAN DE ACCIÓN CONJUNTA PARA LOGRAR:

MEXICANOS LIBRES, SANOS Y SEGUROS

MEXICANOS PREPARADOS, PRODUCTIVOS E INNOVADORES

MEXICANOS COMPROMETIDOS CON LA COMUNIDAD, LA NATURALEZA Y EL MEDIO AMBIENTE

MEXICANOS TRABAJANDO POR LA IGUALDAD

LA INCLUSIÓN SOCIAL

PARA ALCANZAR EL DESARROLLO SOSTENIBLE, DEBEMOS TOMAR EN CUENTA:

EL CRECIMIENTO ECONÓMICO

LA PROTECCIÓN AMBIENTAL

PARA LOGRARLO, 193 PAÍSES HEMOS ESTABLECIDO LOS:

OBJETIVOS DE DESARROLLO SOSTENIBLE

17 OBJETIVOS **169** METAS **231** INDICADORES GLOBALES

INDICADORES NACIONALES, QUE MÉXICO ESTÁ DEFINIENDO

- acabar con la pobreza
- erradicar el hambre
- educación de calidad
- igualdad de género
- agua limpia y saneamiento
- energía asequible y no-contaminate
- reducción de las desigualdades
- vida de los ecosistemas terrestres
- cuidades y comunidades sostenibles
- acción en pro del clima
- paz, justiciar e instituciones sólidas
- trabajo decente y crecimiento económico
- vida submarina
- salud y bienestas
- producción y consumo responsables
- industria, innovación e infraestructura
- alianzas para el logro de los objetivos

1. *Acabar con la pobreza*. La erradicación de la pobreza en todas sus formas y dimensiones es una condición indispensable para lograr el desarrollo sostenible. En el mundo, 836 millones de personas aún vivían en la pobreza extrema. En México, 1 de cada 10 personas vivía en situación de pobreza extrema (9.5%. CONEVAL, 2014) y 1 de cada 2 personas vivía en situación de pobreza (46.2%. CONEVAL, 2014). Para tal fin, debe promoverse un crecimiento económico sostenible, inclusivo y equitativo, que cree mayores oportunidades para todos, que reduzca las desigualdades, mejore los niveles de vida básicos, fomente el desarrollo social equitativo e inclusivo y promueva la ordenación integrada y sostenible de los recursos naturales y los ecosistemas.

Para ello, se han establecido las siguientes metas:

1.1 Erradicar la pobreza extrema para todas las personas en el mundo. Se considera pobreza extrema a las personas que viven con menos de 1.25 dólares al día.

1.2 Reducir al menos a la mitad la proporción de personas que viven en pobreza en todas sus dimensiones con arreglo a las definiciones nacionales.

1.3 Poner en práctica a nivel nacional sistemas y medidas apropiadas de protección social para todos, incluidos niveles mínimos, y lograr, para 2030, una amplia cobertura de las personas pobres y vulnerables.

1.4 Garantizar que todos los hombres y mujeres, en particular los pobres y los vulnerables, tengan los mismos derechos a los recursos económicos, así como acceso a los servicios básicos, la propiedad y el control de la tierra y otros bienes, la herencia, los recursos naturales, las nuevas tecnologías apropiadas y los servicios financieros, incluida la micro financiación.

1.5 Fomentar la resiliencia de los pobres y las personas que se encuentran en situaciones vulnerables y reducir su exposición y vulnerabilidad a los fenómenos extremos relacionados con el clima y otras crisis y desastres económicos, sociales y ambientales.

De igual forma, se pretende garantizar una movilización importante de recursos procedentes de diversas fuentes, incluso mediante la mejora de la cooperación para el desarrollo, a fin de proporcionar medios suficientes y previsibles a los países en desarrollo, en particular los países menos adelantados, para poner en práctica programas y políticas encaminados a poner fin a la pobreza en todas sus dimensiones.

Así mismo, crear marcos normativos sólidos en los planos nacional, regional e internacional, sobre la base de estrategias de desarrollo en favor de los pobres que tengan en cuenta las cuestiones de género, a fin de apoyar la inversión acelerada en medidas para erradicar la pobreza.

El gobierno de la cuarta transformación pretende orquestar a los actores:
Sociedad: Participación voluntaria pero comprometida
Iniciativa privada: Desarrolla nuevos productos y micro seguros para aumentar la protección social.
Academia: Fortalece la investigación, colabora para crear soluciones innovadoras y apoya en la medición del impacto.
Gobiernos estatales: Diseña esquemas para la graduación de los programas sociales.

2. *Poner fin al hambre, lograr la seguridad alimentaria y la mejora de la nutrición y promover la agricultura sostenible.*
Para 2030, se espera que la población mundial llegue a 8.2 mil millones de personas de los 6.5 mil millones que somos ahora, por lo que se hace prioritario reducir las inequidades y exclusión causantes del hambre o que personas no cuenten con una alimentación suficiente, nutritiva y de calidad.

Las metas del gobierno en México, se circunscriben en:

2.1 Poner fin al hambre y asegurar el acceso de todas las personas, a una alimentación sana, nutritiva y suficiente durante todo el año.

2.2 Poner fin a todas las formas de malnutrición, y abordar las necesidades de nutrición de las adolescentes, las mujeres embarazadas y lactantes y las personas de edad.

2.3 Duplicar la productividad agrícola y los ingresos de los productores de alimentos en pequeña escala, respetando el medio ambiente y la biodiversidad de cada región.

2.4 Asegurar la sostenibilidad de los sistemas de producción de alimentos y aplicar prácticas agrícolas resilientes que aumenten la productividad y la producción, contribuyan al mantenimiento de los ecosistemas, fortalezcan la capacidad de adaptación al cambio climático, los fenómenos meteorológicos extremos, las sequías, las inundaciones y otros desastres, y mejoren progresivamente la calidad del suelo y la tierra.

2.5 Mantener la diversidad genética de las semillas, las plantas cultivadas y los animales de granja y domesticados y sus especies silvestres conexas, entre otras cosas mediante una buena gestión y diversificación de los bancos de semillas y plantas a nivel nacional, regional e internacional, y garantizar el acceso a los beneficios que se deriven de la utilización de los recursos genéticos y los conocimientos tradicionales y su distribución justa y equitativa, como se ha convenido internacionalmente.

Para conformar una estrategia solida sobre la erradicación del hambre, se pretende de igual forma:

Aumentar las inversiones, incluso mediante una mayor cooperación internacional, en la infraestructura rural, la investigación agrícola y los servicios de extensión, el desarrollo tecnológico y los bancos de genes de plantas y ganado a fin de mejorar la capacidad de producción agrícola en los países en desarrollo, en particular en los países menos adelantados.

Corregir y prevenir las restricciones y distorsiones comerciales en los mercados agropecuarios mundiales.

Adoptar medidas para asegurar el buen funcionamiento de los mercados de productos básicos alimentarios y sus derivados a fin de ayudar a limitar la extrema volatilidad de los precios de los alimentos.

¿Cómo se logrará?

Sociedad: No desperdicies alimentos.

Iniciativa privada: Utiliza prácticas sostenibles en la producción de alimentos.

Academia: Fortalece la investigación, colabora para crear soluciones innovadoras y apoya en la medición del impacto.

Gobiernos: Asegura el acceso de todas las personas a una alimentación sana, nutritiva y suficiente durante todo el año.

3. *Salud y bienestar garantizando una vida sana y promover el bienestar de todos a todas las edades*

Para lograr el desarrollo sostenible es fundamental garantizar una vida saludable y promover el bienestar para todos a cualquier edad. Se han obtenido grandes progresos en relación con el aumento de la esperanza de vida y la reducción de algunas de las causas de muerte más comunes relacionadas con la mortalidad infantil y materna. Se han logrado grandes avances en cuanto al aumento del acceso al agua limpia y el saneamiento, la reducción de la malaria, la tuberculosis, la poliomielitis y la propagación del VIH/SIDA. Sin embargo, se necesitan muchas más iniciativas para erradicar por completo una amplia gama de enfermedades y hacer frente a numerosas y variadas cuestiones persistentes y emergentes relativas a la salud. Para el caso particular de México, superar la condición de que 1 de cada 5 personas no tiene acceso a servicios de salud (16.9 por ciento, CONEVAL, 2015) y 3 de cada 5 personas no tenían acceso a seguridad social (56.6%. CONEVAL, 2015).

En las acciones para buscar su logro de lo que se pretende como agenda gubernamental en materia de salud y bienestar se pretende interrelacionar los sectores:

Sociedad: Vacúnate y vacuna a tus hijas e hijos.

Iniciativa privada: Asegura un ambiente de trabajo seguro y saludable para quienes laboran contigo.

Academia: Fortalece la investigación, colabora para crear soluciones innovadoras y apoya en la medición del impacto.

Gobiernos: Consolida la red de atención primaria de la salud.

4. Garantizar una educación inclusiva y equitativa de calidad y promover oportunidades de aprendizaje permanente para todos.

La consecución de una educación de calidad es la base para mejorar la vida de las personas y el desarrollo sostenible. En el mundo, más de 100 millones de jóvenes no tienen un nivel mínimo de alfabetización, y dentro de ellos, más del 60% son mujeres. En México, 1 de cada 5 personas tenía rezago educativo (17.9%. CONEVAL, 2015) y 3 de cada 5 estudiantes de primaria no contaban con los aprendizajes clave en matemáticas (PLANEA SEP, 2015). El resultado de la evaluación de la prueba PISA (2019) nos presenta un reflejo de la situación alarmante en el país donde solo 1% de los estudiantes mostró un nivel de desempeño que los ubica en los niveles de competencia más elevados en al menos una de las áreas de conocimiento y 35% no tuvo un nivel mínimo de competencia adecuado en las tres áreas de conocimiento; donde el nivel socioeconómico de los jóvenes que aplicaron el examen tiene una fuerte correlación con su rendimiento en lectura, matemáticas y ciencias. Los estudiantes de mejor nivel de ingreso superaron a los de menor nivel de ingreso en cerca de 81 puntos en la prueba.

Resultado de lo anterior, se proponen las siguientes metas para alcanzarse en la administración gubernamental 2018-2024:

4.1 Asegurar que todas las niñas y todos los niños terminen la enseñanza primaria y secundaria, que ha de ser gratuita, equitativa y de calidad y producir resultados de aprendizaje pertinentes y efectivos.

4.2 Garantizar que niñas y niños tengan acceso a servicios de atención y desarrollo en la primera infancia y educación preescolar de calidad, a fin de que estén preparados para la enseñanza primaria.

4.3 Asegurar el acceso en condiciones de igualdad para todos los hombres y las mujeres a formación técnica, profesional y superior de calidad, incluida la enseñanza universitaria.

4.4 Aumentar el número de jóvenes y adultos que tienen las competencias necesarias, en particular técnicas y profesionales, para acceder al empleo, el trabajo decente y el emprendimiento.

4.5 Eliminar las disparidades de género en la educación y garantizar el acceso igualitario de las personas vulnerables, incluidas las personas con discapacidad, los pueblos indígenas y los niños en situaciones de vulnerabilidad, a todos los niveles de la enseñanza y la formación profesional.

4.6 Asegurar que todos los jóvenes y una proporción considerable de los adultos, tanto hombres como mujeres, estén alfabetizados y tengan nociones elementales de aritmética.

4.7 Garantizar que todos los estudiantes adquieran los conocimientos teóricos y prácticos necesarios para promover el desarrollo sostenible, en particular mediante la educación para el desarrollo sostenible y la adopción de estilos de vida sostenibles, los derechos humanos, la igualdad entre los géneros, la promoción de una cultura de paz y no violencia, la ciudadanía mundial y la valoración de la diversidad cultural y de la contribución de la cultura al desarrollo sostenible, entre otros medios.

4.a Construir y adecuar instalaciones escolares que respondan a las necesidades de los niños y las personas discapacitadas y tengan en cuenta las cuestiones de género, y que ofrezcan entornos de aprendizaje seguros, no violentos, inclusivos y eficaces para todos.

4.b Para 2020, aumentar a nivel mundial el número de becas disponibles para países en desarrollo.

4.c Aumentar considerablemente la oferta de maestros calificados, en particular mediante la cooperación internacional para la formación de docentes en los países en desarrollo.

¿Cómo lo lograremos?

- **Sociedad**: Lee más y dona libros.
- **Iniciativa privada**: Promueve la formación continua de tus empleadas y empleados.
- **Academia**: Fortalece la investigación, colabora para crear soluciones innovadoras y apoya en la medición del impacto.
- **Gobiernos**: Consolida la implementación de la Reforma Educativa para brindar una educación de calidad.

5. *Lograr la igualdad de género y empoderar a todas las mujeres y las niñas*

La igualdad entre los géneros no es solo un derecho humano fundamental, sino la base necesaria para conseguir un mundo pacífico, próspero y sostenible. Si se facilita a las mujeres y niñas igualdad en el acceso a la educación, atención médica, un trabajo decente y representación en los procesos de adopción de decisiones políticas y económicas, se impulsarán las economías sostenibles y se beneficiará a las sociedades y a la humanidad en su conjunto.

En el mercado laboral global, las mujeres siguen ganando 24% menos que los hombres y en el caso de México, 3 de cada 5 mujeres no tienen acceso a trabajos formales (57.3%. ENOE, 2015). Por ende y ante la imperiosa necesidad de crear una sociedad más justa para la mujer, se requiere reconocer que cuentan con los mismos derechos, por lo que se tienen que establecer garantías ante esta perspectiva en la que antes de vernos con etiquetas sociales, culturales, generacionales e ideológicas, se anteponga la convivencia entre las personas, reconociendo y respetando el valor intrínseco de la mujer.

Para lo anterior, se establecen las metas siguientes:

5.1 Poner fin a todas las formas de discriminación contra todas las mujeres y las niñas en todo el mundo.

5.2 Eliminar todas las formas de violencia contra todas las mujeres y las niñas en los ámbitos público y privado, incluidas la trata y la explotación sexual y otros tipos de explotación.

5.3 Eliminar todas las prácticas nocivas, como el matrimonio infantil, precoz y forzado y la mutilación genital femenina.

5.4 Reconocer y valorar los cuidados y el trabajo doméstico no remunerado mediante la prestación de servicios públicos, infraestructuras y la formulación de políticas de protección social, y promoviendo la responsabilidad compartida en el hogar y la familiar, según proceda en cada país.

5.5 Asegurar la participación plena y efectiva de las mujeres y la igualdad de oportunidades de liderazgo a todos los niveles decisorios en la vida política, económica y pública.

5.6 Garantizar el acceso universal a la salud sexual y reproductiva y los derechos reproductivos.

5.a Emprender reformas que otorguen a la mujer el derecho en condiciones de igualdad a los recursos económicos, así como el acceso a la propiedad y al control de la tierra y otros bienes, los servicios financieros, la herencia y los recursos naturales, de conformidad con las leyes nacionales.

Así mismo. mejorar el uso de la tecnología instrumental, en particular la tecnología de la información y las comunicaciones, para promover el empoderamiento de la mujer, aunado a adoptar y fortalecer políticas acertadas y leyes aplicables para promover la igualdad de género y el empoderamiento de todas las mujeres y las niñas a todos los niveles. Para lograrlo, se articulan:

Sociedad: Sé consciente de los estereotipos de género.

Iniciativa privada: Implementa políticas y programas que apoyen a las mujeres en la fuerza laboral (mismo salario por mismo trabajo).

Academia: Fortalece la investigación, colabora para crear soluciones innovadoras y apoya en la medición del impacto.

Gobiernos: Promueve la inclusión social, económica y política y el empoderamiento de la mujer.

6. *Agua limpia y Saneamiento. Garantizar la disponibilidad y la gestión sostenible del agua y el saneamiento para todos.*

Existen miles de millones de personas en todo el mundo que no tienen acceso al agua limpia ni a sanitarios, un derecho humano que muchas personas damos por sentado. n el mundo, cerca de mil niñas y niños morían diariamente a causa de enfermedades diarreicas prevenibles, relacionadas con el agua y el saneamiento. La escasez de recursos hídricos, la mala calidad del agua y el saneamiento inadecuado influyen negativamente en la seguridad alimentaria, las opciones de medios de subsistencia y las oportunidades de educación para las familias pobres en todo el mundo. La sequía afecta a algunos de los países más pobres del mundo, recrudece el hambre y la desnutrición. En México, 9 de cada 10 viviendas tenían acceso a agua entubada (94.6%. Intercensal, 2015) y 9 de cada 10 viviendas tenían acceso a drenaje (92.8%. Intercensal, 2015). Las metas pretendidas son:

6.1 Lograr el acceso universal y equitativo al agua potable segura y asequible para todos.

6.2 Lograr el acceso a servicios de saneamiento e higiene adecuados y equitativos para todos y poner fin a la defecación al aire libre, prestando especial atención a las necesidades de las mujeres y las niñas y las personas en situaciones de vulnerabilidad.

6.3 Mejorar la calidad del agua reduciendo la contaminación, eliminando el vertimiento y minimizando la emisión de productos químicos y materiales peligrosos, reduciendo a la mitad del porcentaje de aguas residuales sin tratar y aumentado considerablemente el reciclado y la reutilización sin riesgos a nivel mundial.

6.4 Aumentar el uso eficiente de los recursos hídricos en todos los sectores y asegurar la sostenibilidad de la extracción y el abastecimiento de agua dulce para hacer frente a la escasez de agua y reducir considerablemente el número de personas que sufren falta de agua.

6.5 Implementar la gestión integrada de los recursos hídricos a todos los niveles, incluso mediante la cooperación transfronteriza, según proceda.

6.6 Proteger y restablecer los ecosistemas relacionados con el agua, incluidos los bosques, las montañas, los humedales, los ríos, los acuíferos y los lagos.

6.a Ampliar la cooperación internacional y el apoyo prestado a los países en desarrollo para la creación de capacidad en actividades y programas relativos al agua y el saneamiento, como los de captación de agua, desalinización, uso eficiente de los recursos hídricos, tratamiento de aguas residuales, reciclado y tecnologías de reutilización.

6.b Apoyar y fortalecer la participación de las comunidades locales en la mejora de la gestión del agua y el saneamiento.

Se busca lograrlas por medio de:

Sociedad: Toma baños cortos y reporta las fugas de agua.

Iniciativa privada: Reduce el consumo de agua, instala sanitarios secos e implementa campañas para el cuidado del agua.

Academia: Fortalece la investigación, colabora para crear soluciones innovadoras y apoya en la medición del impacto.

Gobiernos: Mejora los sistemas de captación, potabilización, conducción, almacenamiento y distribución del agua potable.

7. Garantizar el acceso a una energía asequible, fiable, sostenible y moderna para todos

La energía es central para casi todos los grandes desafíos y oportunidades a los que hace frente el mundo actualmente. Ya sea para los empleos, la seguridad, el cambio climático, la producción de alimentos o para aumentar los ingresos, el acceso a la energía para todos es esencial. La energía sostenible es una oportunidad que transforma vidas, economías y el planeta. En México, 9 de cada 10 viviendas tenían acceso a agua entubada (94.6%. Intercensal, 2015) y 9 de cada 10 viviendas tenían acceso a drenaje (92.8%. Intercensal, 2015).

Metas:

7.1 Garantizar el acceso universal a servicios de energía asequibles, fiables y modernos.

7.2 Para 2030, aumentar considerablemente la proporción de energía renovable en el conjunto de fuentes energéticas.

7.3 Para 2030, duplicar la tasa mundial de mejora de la eficiencia energética.

7.a Aumentar la cooperación internacional para facilitar el acceso a la investigación y la tecnología relativas a la energía limpia, incluidas las fuentes renovables, la eficiencia energética y las tecnologías avanzadas y menos contaminantes de combustibles fósiles, y promover la inversión en infraestructura energética y tecnologías limpias.

7.b De aquí a 2030, ampliar la infraestructura y mejorar la tecnología para prestar servicios energéticos modernos y sostenibles para todos en los países en desarrollo, en particular los países menos adelantados, los pequeños Estados insulares en desarrollo y los países en desarrollo sin litoral, en consonancia con sus respectivos programas de apoyo.

¿Cómo se logrará?

Sociedad: Ahorra electricidad y si puedes, instala paneles solares en casa.
Iniciativa privada: En las prácticas de producción y en el lugar de trabajo, transita hacia una economía baja en carbono.
Academia: Fortalece la investigación, colabora para crear soluciones innovadoras y apoya en la medición del impacto.

8. *Promover el crecimiento económico sostenido, inclusivo y sostenible, el empleo pleno y productivo y el trabajo decente para todos*

Es obvio que para lograr este punto de la Agenda 2030, se requiere de una política económica que comprende las acciones y decisiones que las autoridades de cada país toman dentro del ámbito de la economía. A través de su intervención se pretende controlar la economía del país para proporcionar estabilidad y crecimiento económico, estableciendo las directrices para su buen funcionamiento.

A medida que un gobierno va estableciendo una determinada política económica, se encarga del control de diferentes factores económicos importantes en la vida del país, como los presupuestos del estado o el mercado laboral. Por así decirlo, el Estado conduce la economía de su territorio con las herramientas de la política económica.

Es por ello por lo que los objetivos de la política económica deben distinguir objetivos a corto plazo (coyunturales) y objetivos a más largo plazo (estructurales). En cuanto a los objetivos a corto plazo se pueden circunscribir en tres:

i. Oportunidades plenas de empleo de tal forma que se convierta en una situación en donde todos los individuos de un país, que están en condiciones de trabajar y que quieren hacerlo, se encuentran efectivamente trabajando ya sea como empleados de una empresa u organización o creando la suya propia. Cuando ocurre el empleo pleno, la demanda de trabajo se iguala a la oferta de modo que el mercado laboral se encuentra en perfecto equilibrio. Esto quiere decir que en un país con empleo todos los trabajadores que pertenecen a la población activa y buscan trabajo lo encuentran. Sin embargo, existe una proporción de individuos que siguen quedando en desempleo, y es lo que se ha denominado como desempleo fraccional.

ii. Estabilidad de precios. La estabilidad de precios es el objetivo primario del Eurosistema y de la política económica única de la que es responsable, aunque existe cierto consenso en que debe estar complementado por el objetivo de estabilidad financiera.

iii. Mejora de la balanza de pagos. La balanza de pagos es un documento contable en el que se registran operaciones comerciales, de servicios y de movimientos de capitales de un país con el exterior. La balanza de pagos es un indicador macroeconómico que proporciona información sobre la situación económica del país de una manera general. Es decir, permite conocer todos los ingresos que recibe un país procedente del resto del mundo y los pagos que realiza tal país al resto del mundo debido a las importaciones y exportaciones de bienes, servicios, capital o transferencias en un período de tiempo.

En cuanto a los objetivos a largo plazo, se han enfocado en los siguiente:

Expansión de la producción.
Satisfacción de las necesidades colectivas.
Mejora de la distribución de la renta y la riqueza.
Protección y prioridades a determinadas regiones o industrias.
Mejora en las normas de consumo privado.
Seguridad de abastecimiento.
Mejora en el tamaño o en la estructura de la población.
Reducción de la jornada laboral.

De esta forma, se revertirá la preocupante estadística de que Aproximadamente la mitad de la población mundial todavía vive con el equivalente a unos 2 dólares de los Estados Unidos diarios, y en muchos lugares el hecho de tener un empleo no garantiza la capacidad para escapar de la pobreza. Debemos reflexionar sobre este progreso lento y desigual, y revisar nuestras políticas económicas y sociales destinadas a erradicar la pobreza. La continua falta de oportunidades de trabajo decente, la insuficiente inversión y el bajo consumo producen una erosión del contrato social básico subyacente en las sociedades democráticas: el derecho de todos a compartir el progreso. La creación de empleos de calidad seguirá constituyendo un gran desafío para casi todas las economías.

México establece compromisos para cumplir con las siguientes metas:

8.1 Mantener el crecimiento económico per cápita de conformidad con las circunstancias nacionales y, en particular, un crecimiento del producto interno bruto de al menos un 7% anual en los países menos adelantados.

8.2 Lograr niveles más elevados de productividad económica mediante la diversificación, la modernización tecnológica y la innovación, centrándose en los sectores de mayor valor añadido y un uso intensivo de la mano de obra.

8.3 Promover políticas orientadas al desarrollo que apoyen las actividades productivas, la creación de empleos decentes, el emprendimiento, la creatividad y la innovación y alentar la formalización y el crecimiento de las microempresas y las pequeñas y medianas empresas, entre otras cosas mediante el acceso a servicios financieros.

8.4 Mejorar la producción y el consumo eficientes de los recursos mundiales y procurar desvincular el crecimiento económico de la degradación del medio ambiente, conforme al Marco Decenal de Programas sobre Modalidades de Consumo y Producción Sostenibles, empezando por los países desarrollados.

8.5 Lograr el empleo pleno y productivo y el trabajo decente para todos los hombres y mujeres, incluidos los jóvenes y las personas con discapacidad, y la igualdad de remuneración por trabajo de igual valor.

8.6 Reducir la proporción de jóvenes que no están empleados y no cursan estudios ni reciben capacitación.

8.7 Adoptar medidas inmediatas y eficaces para erradicar el trabajo forzoso y, a más tardar en 2025, poner fin al trabajo infantil en todas sus formas, incluidos el reclutamiento y la utilización de niños soldados.

8.8 Proteger los derechos laborales y promover un entorno de trabajo seguro y protegido para todos los trabajadores, incluidos los trabajadores migrantes, en particular las mujeres migrantes y las personas con empleos precarios.

8.9 Elaborar y poner en práctica políticas encaminadas a promover un turismo sostenible que cree puestos de trabajo y promueva la cultura y los productos locales.

8.10 Fortalecer la capacidad de las instituciones financieras nacionales para alentar y ampliar el acceso a los servicios bancarios, financieros y de seguros para todos

8.a Aumentar el apoyo a la iniciativa de ayuda para el comercio en los países en desarrollo, incluso en el contexto del Marco Integrado Mejorado de Asistencia Técnica Relacionada con el Comercio para los Países Menos Adelantados.

8.b Para 2020, desarrollar y poner en marcha una estrategia mundial para el empleo de los jóvenes y aplicar el Pacto Mundial para el Empleo de la Organización Internacional del Trabajo.

Se pretende lograr a través de orquestar los actores:

Sociedad: Consume productos locales, favoreciendo establecimientos formales.

Iniciativa privada: Emprende, invierte en México y brinda un salario justo por el trabajo.

Academia: Fortalece la investigación, colabora para crear soluciones innovadoras y apoya en la medición del impacto.

Gobiernos: Incentiva la formalidad y facilita la creación de empresas y su crecimiento mediante capacitación financiera y acceso a capital.

9. *Construir infraestructuras resilientes, promover la industrialización inclusiva y sostenible y fomentar la innovación*

Las inversiones en infraestructura (transporte, riego, energía y tecnología de la información y las comunicaciones) son fundamentales para lograr el desarrollo sostenible y empoderar a las comunidades en numerosos países. Desde hace tiempo se reconoce que, para conseguir un incremento de la productividad y de los ingresos y mejoras en los resultados sanitarios y educativos, se necesitan inversiones en infraestructura. El ritmo de crecimiento y urbanización también está generando la necesidad de contar con nuevas inversiones en infraestructuras sostenibles que permitirán a las ciudades ser más resistentes al cambio climático e impulsar el crecimiento económico y la estabilidad social.

En el mundo, cada empleo en el sector manufacturero creaba 2.2 empleos en otros sectores de la economía. En México, 98 de cada 100 empresas manufactureras contaban con menos de 50 personas (98%. Censo económico, 2014); se solicitaron más de mil patentes (1,244. INEGI, 2014); y 3 de cada 10 viviendas contaban con internet y computadora (33%. Intercensal, 2015).

Metas:

9.1 Desarrollar infraestructuras fiables, sostenibles, resilientes y de calidad, incluidas las infraestructuras regionales y transfronterizas, para apoyar el desarrollo económico y el bienestar humano, con especial hincapié en el acceso asequible y equitativo para todos.

9.2 Promover una industrialización inclusiva y sostenible y, de aquí a 2030, aumentar de manera significativa la cuota de la industria en el empleo y el producto interno bruto, de acuerdo con las circunstancias nacionales, y duplicar su participación en los países menos adelantados.

9.3 Aumentar el acceso de las pequeñas industrias y otras empresas, en particular en los países en desarrollo, a los servicios financieros, incluidos créditos asequibles, y su integración en las cadenas de valor y los mercados.

9.4 Modernizar la infraestructura y reconvertir las industrias para que sean sostenibles, utilizando los recursos con mayor eficacia y promoviendo la adopción de tecnologías y procesos industriales limpios y ambientalmente racionales, y que todos los países adopten medidas de acuerdo con sus capacidades respectivas.

9.5 Aumentar la investigación científica y mejorar la capacidad tecnológica de los sectores industriales de todos los países, el fomento a la innovación y el aumento de trabajadores en la esfera de investigación y desarrollo por cada millón de personas y los gastos en investigación y desarrollo de los sectores público y privado.

9.a Facilitar el desarrollo de infraestructura sostenible y resiliente en los países en desarrollo.

9.b Apoyar el desarrollo de la tecnología nacional, la investigación y la innovación en los países en desarrollo.

9.c Aumentar significativamente el acceso a la tecnología de la información y las comunicaciones y esforzarse por proporcionar acceso universal y asequible a Internet en los países menos adelantados de aquí a 2020.

¿Cómo se pretende lograr?

Sociedad: Exige industrias sostenibles, limpias y responsables.

Iniciativa privada: Usa la tecnología disponible e invierte en investigación y desarrollo de productos, genera empleos verdes.

Academia: Fortalece la investigación, colabora para crear soluciones innovadoras y apoya en la medición del impacto.

Gobiernos: Desarrolla infraestructuras sostenibles, resilientes y de calidad, promueve una industrialización inclusiva y sostenible y apoya el desarrollo de nuevas tecnologías.

Objetivo 10. Reducir la desigualdad

10.1 De aquí a 2030, lograr progresivamente y mantener el crecimiento de los ingresos del 40% más pobre de la población a una tasa superior a la media nacional

10.2 De aquí a 2030, potenciar y promover la inclusión social, económica y política de todas las personas, independientemente de su edad, sexo, discapacidad, raza, etnia, origen, religión o situación económica u otra condición

10.3 Garantizar la igualdad de oportunidades y reducir la desigualdad de resultados, incluso eliminando las leyes, políticas y prácticas discriminatorias y promoviendo legislaciones, políticas y medidas adecuadas a ese respecto

10.4 Adoptar políticas, especialmente fiscales, salariales y de protección social, y lograr progresivamente una mayor igualdad

10.5 Mejorar la reglamentación y vigilancia de las instituciones y los mercados financieros mundiales y fortalecer la aplicación de esos reglamentos

10.6 Asegurar una mayor representación e intervención de los países en desarrollo en las decisiones adoptadas por las instituciones económicas y financieras internacionales para aumentar la eficacia, fiabilidad, rendición de cuentas y legitimidad de esas instituciones

10.7 Facilitar la migración y la movilidad ordenadas, seguras, regulares y responsables de las personas, incluso mediante la aplicación de políticas migratorias planificadas y bien gestionadas

10.a Aplicar el principio del trato especial y diferenciado para los países en desarrollo, en particular los países menos adelantados, de conformidad con los acuerdos de la Organización Mundial del Comercio

10.b Fomentar la asistencia oficial para el desarrollo y las corrientes financieras, incluida la inversión extranjera directa, para los Estados con mayores necesidades, en particular los países menos adelantados, los países africanos, los pequeños Estados insulares en desarrollo y los países en desarrollo sin litoral, en consonancia con sus planes y programas nacionales

10.c De aquí a 2030, reducir a menos del 3% los costos de transacción de las remesas de los migrantes y eliminar los corredores de remesas con un costo superior al 5%

Objetivo 11. Lograr que las ciudades y los asentamientos humanos sean inclusivos, seguros, resilientes y sostenibles

11.1 De aquí a 2030, asegurar el acceso de todas las personas a viviendas y servicios básicos adecuados, seguros y asequibles y mejorar los barrios marginales

11.2 De aquí a 2030, proporcionar acceso a sistemas de transporte seguros, asequibles, accesibles y sostenibles para todos y mejorar la seguridad vial, en particular mediante la ampliación del transporte público, prestando especial atención a las necesidades de las personas en situación de vulnerabilidad, las mujeres, los niños, las personas con discapacidad y las personas de edad

11.3 De aquí a 2030, aumentar la urbanización inclusiva y sostenible y la capacidad para la planificación y la gestión participativas, integradas y sostenibles de los asentamientos humanos en todos los países

11.4 Redoblar los esfuerzos para proteger y salvaguardar el patrimonio cultural y natural del mundo

11.5 De aquí a 2030, reducir significativamente el número de muertes causadas por los desastres, incluidos los relacionados con el agua, y de personas afectadas por ellos, y reducir considerablemente las pérdidas económicas directas provocadas por los desastres en comparación con el producto interno bruto mundial, haciendo hincapié en la protección de los pobres y las personas en situaciones de vulnerabilidad

11.6 De aquí a 2030, reducir el impacto ambiental negativo *per cápita* de las ciudades, incluso prestando especial atención a la calidad del aire y la gestión de los desechos municipales y de otro tipo

11.7 De aquí a 2030, proporcionar acceso universal a zonas verdes y espacios públicos seguros, inclusivos y accesibles, en particular para las mujeres y los niños, las personas de edad y las personas con discapacidad

11.a Apoyar los vínculos económicos, sociales y ambientales positivos entre las zonas urbanas, periurbanas y rurales fortaleciendo la planificación del desarrollo nacional y regional

11.b De aquí a 2020, aumentar considerablemente el número de ciudades y asentamientos humanos que adoptan e implementan políticas y planes integrados para promover la inclusión, el uso eficiente de los recursos, la mitigación del cambio climático y la adaptación a él y la resiliencia ante los desastres, y desarrollar y poner en práctica, en consonancia con el Marco de Sendai para la Reducción del Riesgo de Desastres 2015-2030, la gestión integral de los riesgos de desastre a todos los niveles

11.c Proporcionar apoyo a los países menos adelantados, incluso mediante asistencia financiera y técnica, para que puedan construir edificios sostenibles y resilientes utilizando materiales locales

Objetivo 12. Garantizar modalidades de consumo y producción sostenibles

12.1 Aplicar el Marco Decenal de Programas sobre Modalidades de Consumo y Producción Sostenibles, con la participación de todos los países y bajo el liderazgo de los países desarrollados, teniendo en cuenta el grado de desarrollo y las capacidades de los países en desarrollo

12.2 De aquí a 2030, lograr la gestión sostenible y el uso eficiente de los recursos naturales

12.3 De aquí a 2030, reducir a la mitad el desperdicio de alimentos *per cápita* mundial en la venta al por menor y a nivel de los consumidores y reducir las pérdidas de alimentos en las cadenas de producción y suministro, incluidas las pérdidas posteriores a la cosecha

12.4 De aquí a 2020, lograr la gestión ecológicamente racional de los productos químicos y de todos los desechos a lo largo de su ciclo de vida, de conformidad con los marcos internacionales convenidos, y reducir significativamente su liberación a la atmósfera, el agua y el suelo a fin de minimizar sus efectos adversos en la salud humana y el medio ambiente

12.5 De aquí a 2030, reducir considerablemente la generación de desechos mediante actividades de prevención, reducción, reciclado y reutilización

12.6 Alentar a las empresas, en especial las grandes empresas y las empresas transnacionales, a que adopten prácticas sostenibles e incorporen información sobre la sostenibilidad en su ciclo de presentación de informes

12.7 Promover prácticas de adquisición pública que sean sostenibles, de conformidad con las políticas y prioridades nacionales

12.8 De aquí a 2030, asegurar que las personas de todo el mundo tengan la información y los conocimientos pertinentes para el desarrollo sostenible y los estilos de vida en armonía con la naturaleza

12.a Ayudar a los países en desarrollo a fortalecer su capacidad científica y tecnológica para avanzar hacia modalidades de consumo y producción más sostenibles

12.b Elaborar y aplicar instrumentos para vigilar los efectos en el desarrollo sostenible, a fin de lograr un turismo sostenible que cree puestos de trabajo y promueva la cultura y los productos locales

12.c Racionalizar los subsidios ineficientes a los combustibles fósiles que fomentan el consumo antieconómico eliminando las distorsiones del mercado, de acuerdo con las circunstancias nacionales, incluso mediante la reestructuración de los sistemas tributarios y la eliminación gradual de los subsidios perjudiciales, cuando existan, para reflejar su impacto ambiental, teniendo plenamente en cuenta las necesidades y condiciones específicas de los países en desarrollo y minimizando los posibles efectos adversos en su desarrollo, de manera que se proteja a los pobres y a las comunidades afectadas

Objetivo 13. Adoptar medidas urgentes para combatir el cambio climático y sus efectos*

13.1 Fortalecer la resiliencia y la capacidad de adaptación a los riesgos relacionados con el clima y los desastres naturales en todos los países

13.2 Incorporar medidas relativas al cambio climático en las políticas, estrategias y planes nacionales

13.3 Mejorar la educación, la sensibilización y la capacidad humana e institucional respecto de la mitigación del cambio climático, la adaptación a él, la reducción de sus efectos y la alerta temprana

13.a Cumplir el compromiso de los países desarrollados que son partes en la Convención Marco de las Naciones Unidas sobre el Cambio Climático de lograr para el año 2020 el objetivo de movilizar conjuntamente 100.000 millones de dólares anuales procedentes de todas las fuentes a fin de atender las necesidades de

---

* Reconociendo que la Convención Marco de las Naciones Unidas sobre el Cambio Climático es el principal foro intergubernamental internacional para negociar la respuesta mundial al cambio climático.

los países en desarrollo respecto de la adopción de medidas concretas de mitigación y la transparencia de su aplicación, y poner en pleno funcionamiento el Fondo Verde para el Clima capitalizándolo lo antes posible

13.b Promover mecanismos para aumentar la capacidad para la planificación y gestión eficaces en relación con el cambio climático en los países menos adelantados y los pequeños Estados insulares en desarrollo, haciendo particular hincapié en las mujeres, los jóvenes y las comunidades locales y marginadas

Objetivo 14. Conservar y utilizar sosteniblemente los océanos, los mares y los recursos marinos para el desarrollo sostenible

14.1 De aquí a 2025, prevenir y reducir significativamente la contaminación marina de todo tipo, en particular la producida por actividades realizadas en tierra, incluidos los detritos marinos y la polución por nutrientes

14.2 De aquí a 2020, gestionar y proteger sosteniblemente los ecosistemas marinos y costeros para evitar efectos adversos importantes, incluso fortaleciendo su resiliencia, y adoptar medidas para restaurarlos a fin de restablecer la salud y la productividad de los océanos

14.3 Minimizar y abordar los efectos de la acidificación de los océanos, incluso mediante una mayor cooperación científica a todos los niveles

14.4 De aquí a 2020, reglamentar eficazmente la explotación pesquera y poner fin a la pesca excesiva, la pesca ilegal, no declarada y no reglamentada y las prácticas pesqueras destructivas, y aplicar planes de gestión con fundamento científico a fin de restablecer las poblaciones de peces en el plazo más breve posible, al menos alcanzando niveles que puedan producir el máximo rendimiento sostenible de acuerdo con sus características biológicas

14.5 De aquí a 2020, conservar al menos el 10% de las zonas costeras y marinas, de conformidad con las leyes nacionales y el derecho internacional y sobre la base de la mejor información científica disponible

14.6 De aquí a 2020, prohibir ciertas formas de subvenciones a la pesca que contribuyen a la sobrecapacidad y la pesca excesiva, eliminar las subvenciones que contribuyen a la pesca ilegal, no declarada y no reglamentada y abstenerse de introducir nuevas subvenciones de esa índole, reconociendo que la negociación sobre las subvenciones a la pesca en el marco de la Organización Mundial del Comercio debe incluir un trato especial y diferenciado, apropiado y efectivo para los países en desarrollo y los países menos adelantados[1]

14.7 De aquí a 2030, aumentar los beneficios económicos que los pequeños Estados insulares en desarrollo y los países menos adelantados obtienen del uso sostenible de los recursos marinos, en particular mediante la gestión sostenible de la pesca, la acuicultura y el turismo

14.a Aumentar los conocimientos científicos, desarrollar la capacidad de investigación y transferir tecnología marina, teniendo en cuenta los Criterios y Directrices para la Transferencia de Tecnología Marina de la Comisión Oceanográfica Intergubernamental, a fin de mejorar la salud de los océanos y potenciar la contribución de la biodiversidad marina al desarrollo de los países en desarrollo, en particular los pequeños Estados insulares en desarrollo y los países menos adelantados

---

[1] Teniendo en cuenta las negociaciones en curso de la Organización Mundial del Comercio, el Programa de Doha para el Desarrollo y el mandato de la Declaración Ministerial de Hong Kong.

14.b Facilitar el acceso de los pescadores artesanales a los recursos marinos y los mercados

14.c Mejorar la conservación y el uso sostenible de los océanos y sus recursos aplicando el derecho internacional reflejado en la Convención de las Naciones Unidas sobre el Derecho del Mar, que constituye el marco jurídico para la conservación y la utilización sostenible de los océanos y sus recursos, como se recuerda en el párrafo 158 del documento "El futuro que queremos"

Objetivo 15. Proteger, restablecer y promover el uso sostenible de los ecosistemas terrestres, gestionar sosteniblemente los bosques, luchar contra la desertificación, detener e invertir la degradación de las tierras y detener la pérdida de biodiversidad

15.1 De aquí a 2020, asegurar la conservación, el restablecimiento y el uso sostenible de los ecosistemas terrestres y los ecosistemas interiores de agua dulce y sus servicios, en particular los bosques, los humedales, las montañas y las zonas áridas, en consonancia con las obligaciones contraídas en virtud de acuerdos internacionales

15.2 De aquí a 2020, promover la puesta en práctica de la gestión sostenible de todos los tipos de bosques, detener la deforestación, recuperar los bosques degradados y aumentar considerablemente la forestación y la reforestación a nivel mundial

15.3 De aquí a 2030, luchar contra la desertificación, rehabilitar las tierras y los suelos degradados, incluidas las tierras afectadas por la desertificación, la sequía y las inundaciones, y procurar lograr un mundo con efecto neutro en la degradación del suelo

15.4 De aquí a 2030, asegurar la conservación de los ecosistemas montañosos, incluida su diversidad biológica, a fin de mejorar su capacidad de proporcionar beneficios esenciales para el desarrollo sostenible

15.5 Adoptar medidas urgentes y significativas para reducir la degradación de los hábitats naturales, detener la pérdida de biodiversidad y, de aquí a 2020, proteger las especies amenazadas y evitar su extinción

15.6 Promover la participación justa y equitativa en los beneficios derivados de la utilización de los recursos genéticos y promover el acceso adecuado a esos recursos, según lo convenido internacionalmente

15.7 Adoptar medidas urgentes para poner fin a la caza furtiva y el tráfico de especies protegidas de flora y fauna y abordar tanto la demanda como la oferta de productos ilegales de flora y fauna silvestres

15.8 De aquí a 2020, adoptar medidas para prevenir la introducción de especies exóticas invasoras y reducir significativamente sus efectos en los ecosistemas terrestres y acuáticos y controlar o erradicar las especies prioritarias

15.9 De aquí a 2020, integrar los valores de los ecosistemas y la biodiversidad en la planificación, los procesos de desarrollo, las estrategias de reducción de la pobreza y la contabilidad nacionales y locales

15.a Movilizar y aumentar significativamente los recursos financieros procedentes de todas las fuentes para conservar y utilizar de forma sostenible la biodiversidad y los ecosistemas

15.b Movilizar recursos considerables de todas las fuentes y a todos los niveles para financiar la gestión forestal sostenible y proporcionar incentivos adecuados a los países en desarrollo para que promuevan dicha gestión, en particular con miras a la conservación y la reforestación

15.c Aumentar el apoyo mundial a la lucha contra la caza furtiva y el tráfico de especies protegidas, incluso aumentando la capacidad de las comunidades locales para perseguir oportunidades de subsistencia sostenibles

Objetivo 16. Promover sociedades pacíficas e inclusivas para el desarrollo sostenible, facilitar el acceso a la justicia para todos y construir a todos los niveles instituciones eficaces e inclusivas que rindan cuentas

16.1 Reducir significativamente todas las formas de violencia y las correspondientes tasas de mortalidad en todo el mundo

16.2 Poner fin al maltrato, la explotación, la trata y todas las formas de violencia y tortura contra los niños

16.3 Promover el estado de derecho en los planos nacional e internacional y garantizar la igualdad de acceso a la justicia para todos

16.4 De aquí a 2030, reducir significativamente las corrientes financieras y de armas ilícitas, fortalecer la recuperación y devolución de los activos robados y luchar contra todas las formas de delincuencia organizada

16.5 Reducir considerablemente la corrupción y el soborno en todas sus formas

16.6 Crear a todos los niveles instituciones eficaces y transparentes que rindan cuentas

16.7 Garantizar la adopción en todos los niveles de decisiones inclusivas, participativas y representativas que respondan a las necesidades

16.8 Ampliar y fortalecer la participación de los países en desarrollo en las instituciones de gobernanza mundial

16.9 De aquí a 2030, proporcionar acceso a una identidad jurídica para todos, en particular mediante el registro de nacimientos

16.10   Garantizar el acceso público a la información y proteger las libertades fundamentales, de conformidad con las leyes nacionales y los acuerdos internacionales

16.a Fortalecer las instituciones nacionales pertinentes, incluso mediante la cooperación internacional, para crear a todos los niveles, particularmente en los países en desarrollo, la capacidad de prevenir la violencia y combatir el terrorismo y la delincuencia

16.b Promover y aplicar leyes y políticas no discriminatorias en favor del desarrollo sostenible

Objetivo 17. Fortalecer los medios de implementación y revitalizar la Alianza Mundial para el Desarrollo Sostenible

Finanzas

17.1 Fortalecer la movilización de recursos internos, incluso mediante la prestación de apoyo internacional a los países en desarrollo, con el fin de mejorar la capacidad nacional para recaudar ingresos fiscales y de otra índole

17.2 Velar por que los países desarrollados cumplan plenamente sus compromisos en relación con la asistencia oficial para el desarrollo, incluido el compromiso de numerosos países desarrollados de alcanzar el objetivo de destinar el 0,7% del ingreso nacional bruto a la asistencia oficial para el desarrollo de los países en desarrollo y entre el 0,15% y el 0,20% del ingreso nacional bruto a la asistencia oficial para el desarrollo de los países menos adelantados; se alienta a los proveedores de asistencia oficial para el desarrollo a que consideren la posibilidad de fijar una meta para destinar al menos el 0,20% del ingreso nacional bruto a la asistencia oficial para el desarrollo de los países menos adelantados

17.3 Movilizar recursos financieros adicionales de múltiples fuentes para los países en desarrollo

17.4 Ayudar a los países en desarrollo a lograr la sostenibilidad de la deuda a largo plazo con políticas coordinadas orientadas a fomentar la financiación, el alivio y la reestructuración de la deuda, según proceda, y hacer frente a la deuda externa de los países pobres muy endeudados a fin de reducir el endeudamiento excesivo

17.5 Adoptar y aplicar sistemas de promoción de las inversiones en favor de los países menos adelantados

Tecnología

17.6 Mejorar la cooperación regional e internacional Norte-Sur, Sur-Sur y triangular en materia de ciencia, tecnología e innovación y el acceso a estas, y aumentar el intercambio de conocimientos en condiciones mutuamente convenidas, incluso mejorando la coordinación entre los mecanismos existentes, en particular a nivel de las Naciones Unidas, y mediante un mecanismo mundial de facilitación de la tecnología

17.7 Promover el desarrollo de tecnologías ecológicamente racionales y su transferencia, divulgación y difusión a los países en desarrollo en condiciones favorables, incluso en condiciones concesionarias y preferenciales, según lo convenido de mutuo acuerdo

17.8 Poner en pleno funcionamiento, a más tardar en 2017, el banco de tecnología y el mecanismo de apoyo a la creación de capacidad en materia de ciencia, tecnología e innovación para los países menos adelantados y aumentar la utilización de tecnologías instrumentales, en particular la tecnología de la información y las comunicaciones

Creación de capacidad

17.9 Aumentar el apoyo internacional para realizar actividades de creación de capacidad eficaces y específicas en los países en desarrollo a fin de respaldar los planes nacionales de implementación de todos los Objetivos de Desarrollo Sostenible, incluso mediante la cooperación Norte-Sur, Sur-Sur y triangular

Comercio

17.10 Promover un sistema de comercio multilateral universal, basado en normas, abierto, no discriminatorio y equitativo en el marco de la Organización Mundial del Comercio, incluso mediante la conclusión de las negociaciones en el marco del Programa de Doha para el Desarrollo

17.11 Aumentar significativamente las exportaciones de los países en desarrollo, en particular con miras a duplicar la participación de los países menos adelantados en las exportaciones mundiales de aquí a 2020

17.12 Lograr la consecución oportuna del acceso a los mercados libre de derechos y contingentes de manera duradera para todos los países menos adelantados, conforme a las decisiones de la Organización Mundial del Comercio, incluso velando por que las normas de origen preferenciales aplicables a las importaciones de los países menos adelantados sean transparentes y sencillas y contribuyan a facilitar el acceso a los mercados

Cuestiones sistémicas

Coherencia normativa e institucional

17.13 Aumentar la estabilidad macroeconómica mundial, incluso mediante la coordinación y coherencia de las políticas

17.14 Mejorar la coherencia de las políticas para el desarrollo sostenible

17.15 Respetar el margen normativo y el liderazgo de cada país para establecer y aplicar políticas de erradicación de la pobreza y desarrollo sostenible

17.16 Mejorar la Alianza Mundial para el Desarrollo Sostenible, complementada por alianzas entre múltiples interesados que movilicen e intercambien conocimientos, especialización, tecnología y recursos financieros, a fin de apoyar el logro de los Objetivos de Desarrollo Sostenible en todos los países, particularmente los países en desarrollo

17.17 Fomentar y promover la constitución de alianzas eficaces en las esferas pública, público-privada y de la sociedad civil, aprovechando la experiencia y las estrategias de obtención de recursos de las alianzas

Datos, vigilancia y rendición de cuentas

17.18 De aquí a 2020, mejorar el apoyo a la creación de capacidad prestado a los países en desarrollo, incluidos los países menos adelantados y los pequeños Estados insulares en desarrollo, para aumentar significativamente la disponibilidad de datos oportunos, fiables y de gran calidad desglosados por ingresos, sexo, edad, raza, origen étnico, estatus migratorio, discapacidad, ubicación geográfica y otras características pertinentes en los contextos nacionales

17.19 De aquí a 2030, aprovechar las iniciativas existentes para elaborar indicadores que permitan medir los progresos en materia de desarrollo sostenible y complementen el producto interno bruto, y apoyar la creación de capacidad estadística en los países en desarrollo

Lograr lo propuesto, requiere un cambio profundo en las estructuras y formas de organización social donde se concientice de los retos y oportunidades de la interdependencia global y la concomitante responsabilidad que conlleva. El respeto a la biodiversidad entre los individuos y su entorno, hoy en día, es un clamor para nuestra supervivencia, y es por ello, que tenemos que establecer un orden mundial para guiar y valorar conductas de los actores incidentes: personas, organizaciones, empresas, gobiernos e instituciones.

El engranaje social debe ser considerado como un todo armónico donde las diferentes formas de vida cultural se les reconozca y respete su valor fomentando su potencial intelectual, artístico, ético y espiritual orientado a la sustentabilidad y con ello, garantizar la existencia y revertir el deterioro que ha impactado al medio ambiente. De igual forma, quiero reconocer que las libertades de hoy están supeditadas a las que demandará el futuro, por lo que no debemos ser seres de momento sino responsables de la prospectiva que nos conducirá a la felicidad que nos brinda la prosperidad racional de preservar nuestro planeta Tierra.

Qué triste se observa el camino de las naciones
cuando el hombre en su obcecada autodestrucción
ha perdido su destino como ser racional comprometido,
olvidando su responsabilidad centrada en fomentar
la preservación y mejora sustentable de su entorno y dejarse llevar por lo banal
del momento convirtiéndolo, sin remedio, en ese monstruo depredador.

José Luis Ibave

REFERENCIAS

Acosta Favela, José Alfredo, et alt (2014) Malos Hábitos Alimentarios y Falta de Actividad Física Principales Factores Desencadenantes de Sobrepeso y Obesidad en los Niños Escolares 2-5

Aguilera-Morales, M. E., Hernández-Sánchez, F., Mendieta-Sánchez, E., & Herrera-Fuentes, C. (2012). Producción integral sustentable de alimentos. *Ra Ximhai*, 71-74. https://doi.org/10.35197/rx.08.03.e1.2012.07.ma

Andrade, F. H. (2011). *La tecnología y la producción agrícola*. Ediciones INTA.
Banco Mundial. (1986). Poverty and Hunger: Issues and Options for Food Security in Developing Countries. Washington DC.

Barrantes Serrano. C. R (2016) el derecho a la información de los consumidores: el caso de la falta de etiquetado de los alimentos transgénicos. (Tesis de Profesional de Abogada, Universidad San Martín de Porres)
https://hdl.handle.net/20.500.12727/2041

Barret, C., & Lentz, E. (2009). Food Insecurity. International Studies Compedium Project.

Berry, E., Dernini, S., Burlingame, B., Meybeck, A., & Conforti, P. (2015). Food security and sustainability: can one exist without the other? Public Health Nutrition.

Cafiero, C., Melgar-Quiñonez, H.R., Ballard, T.J., Kepple, A.W., (2014) Dec. Validity and reliability of food security measures. Ann. N. Y. Acad. Sci. 1331, 230–248.

Calvente, A. M. (2007). El concepto moderno de sustentabilidad. UAIS sustentabilidad, pp 1-7.

Carballo, C., (s.f.). Seguridad Alimentaria y Desarrollo Rural Sustentable: Orientaciones para la Transición. https://www.google.com/url?sa=t&rct=j&q=&esrc=s&source=web&cd=&cad=rja &uact=8&ved=2ahUKEwjv_rmTgqrtAhXQjp4KHRFRAp8QFjAGegQIDhAC& url=http%3A%2F%2Frespyn.uanl.mx%2Findex.php%2Frespyn%2Farticle%2Fdo wnload%2F158%2F140&usg=AOvVaw1B7uzJIkmUkIFsqnEh7Kl6

Chen, X., Xu, F., Zhu, C., Ji, J., Zhou, X., Feng, X., Guang, S., (2014). Dual sgRNA-directed gene knockout using CRISPR/Cas9 technology in Caenorhabditis elegans. Sci. Rep. 4, 7581.

CMMAD. (1987). Nuestro Futuro Común. Oxford University Press, Reino Unido. Collado Calle, Ángel. Montiel Soler, Marta. Sanchez Vara, Isabel (2009) La desafección al sistema agroalimentario: ciudadanía y redes sociales http://hdl.handle.net/11441/22961

Cong, L., Ran, F.A., Cox, D., Lin, S., Barretto, R., Habib, N., et al., (2013). Multiplex genome engineering using CRISPR/Cas systems. Science 339 (6121), 819–823.

European Parliament, (2001). Directive 2001/18/EC of the European Parliament and of the Council of 12 March 2001 on the deliberate release into the environment of genetically modified organisms and repealing Council Directive 90/220/EEC. Off. J. Eur. Comm. L 106, 1–38.

FAO – Organización de las Naciones Unidas para la Alimentación y la Agricultura. (s. f.). Naciones Unidas en Bolivia. Recuperado 2 de diciembre de 2020, de http://www.nu.org.bo/agencia/organizacionde-las-naciones-unidas-para-la-agricultura-y-la-alimentacion/ Acerca de. (s. f.). IFAD. Recuperado 2 de diciembre de 2020, de https://www.ifad.org/es/about

FAO, FIDA, OMS, PMA y UNICEF. (2020). El estado de la seguridad alimentaria y la nutrición en el mundo 2020. Transformación de los sistemas alimentarios para que promuevan dietas asequibles y saludables. Roma: FAO.

FAO. (1983). World Food Security: A reappraisal of the concepts and approaches. FAO, Roma.

FAO. (1996). World Food Summit: Rome Declaration on World Food Security and World Food Summit Plan of Action. FAO, Roma.

FAO. (2008). An Introduction to the Basic Concepts of Food Security. Obtenido de FAO Food Security Programme: http://www.fao.org/3/a-al936e.pdf

Faour-Klingbeil, D., Todd, E.C.D., (2018) Mar 3. A review on the rising prevalence of international standards: threats or opportunities for the agri-food produce sector in developing countries, with a focus on examples from the MENA region. Foods 7 (3) pii: E33

Ferrari, M. (2010). ¿ Nuestros actuales sistemas de producción agrícola son ambientalmente

Fullbrook, Edward. (2003). The crisis in economics. The Post-autistic Economics Movement: The First 600 Days. London: Routledge.
Gans, Joshua S., and George B. Shepherd. (1994). How Are the Mighty Fallen: Rejected Classic Articles by Leading Economists. Journal of Economic Perspectives 8 (1): 165–179.

Gastón, J., Cedillo, G., Isaac, L., Gómez, A., Ernesto, C., & Esquivel, G. (2008). Agroecología y sustentabilidad. *Convergencia-Revista Social*, 51-87.

Gereffi, Gary (1994), "The organization of buyer-driven global commodity chains: how U.S. Retailers shape overseas production networks", en G. Gereffi y M.

Kaplinsky, R. y Morris, M. (2009). Un manual para investigación de cadenas de valor.

Kaplinsky, Raphael (2000), "Globalisation and unequalisation: what can be learned from value chain analysis?", Journal of Development Studies, vol. 37, N° 2, Taylor & Francis.

Korzeniewicz (eds.), Commodity Chains and Global Capitalism, Westport, Praeger.

Gereffi, Gary, John Humphrey y Timothy Sturgeon (2005), "The governance of global value chains", Review of International Political Economy, vol. 12, N° 1, London, Routledge.

Gibson, John, David L. Anderson, and John Tressler. (2014). Which Journal Rankings Best Explain Academic Salaries? Evidence from the University of California. Economic Inquiry 52 (4): 1322–1340.

Gloetzl, Florentin and Aigner, Ernest. (2017). Six Dimensions of Concentration in Economics: Scientometric Evidence from a Large-Scale Data Set. Ecological Economic Papers 15. Vienna: WU Vienna University of Economics and Business. Gonzalez-Bonilla Martha, Viloria, Maria (2017) Comida Chatarra para premiar a los niños ¿qué les estamos enseñando?
https://erevistas.uacj.mx/ojs/index.php/cuadfront/article/view/1518

Gudynas, E. (2011). Desarrollo y sustentabilidad ambiental: Diversidad de posturas, tensiones persistentes. La Tierra no es muda: Diálogos entre el desarrollo sostenible y el postdesarrollo, pp 69-96.

Gwartney, J.D., Stroup, R., Sobel, R.S., Macpherson, D.A. (2015). Economics: private and public choice. 15th edition. Stamford: Cengage Learning
https://www.google.com/url?sa=t&rct=j&q=&esrc=s&source=web&cd=&cad=rja
&uact=8&ved=2ahUKEwjBnfKXq7tAhUlwFkKHZlrD7YQFjAJegQICBAC&url
=https%3A%2F%2Fwww.unscn.org%2Fuploads%2Fweb%2Fnews%2Fdocumen
t%2FGovernPaper-SP-EBmay17.pdf&usg=AOvVaw3fQwGI8rr8awyqdoIo4_W

IPCC. (2014). Cambio climático 2014: Impactos, adaptación y vulnerabilidad. Contribución del Grupo de trabajo II al Quinto Informe de Evaluación del Grupo Intergubernamental de Expertos sobre el Cambio Climático.

King, John E. (2013). A Case for Pluralism in Economics. The Economic and Labour Relations Review 24 (1): 17–31.

León, A., Martínez, R., Espíndola, E., & Schejtman, A. (2004). Pobreza, hambre y seguridad alimentaria en Centroamérica y Panamá. Santiago de Chile: Naciones Unidas.

Lezama, J. L., & Domínguez, J. (2006). Medio ambiente y sustentabilidad urbana. Papeles de Población, pp 153-176.

Mariscal, A., Ramírez, C. A., & Pérez Sánchez, A. (2017). Soberanía y Seguridad Alimentaria: propuestas políticas. Textual: análisis del medio rural latinoamericano.

Matos, L., Crespo, L., & Bidot, A. (2017). Soberanía Alimentaria y Desarrollo Sostenible: Una Contribución del Licenciado en Ciencias Alimentarias. Revista Ciencias de la Ingenieria y Aplicada, Volumen 2 (Número 1),
https://www.google.com/url?sa=t&rct=j&q=&esrc=s&source=web&cd=&cad=rja
&uact=8&ved=2ahUKEwjv_rmTgqrtAhXQjp4KHRFRAp8QFjAEegQIDRAC&

url=http%3A%2F%2Finvestigacion.utc.edu.ec%2Frevistasutc%2Findex.php%2F ciya%2Farticle%2Fdownload%2F125%2F114&usg=AOvVaw3-PBYUHUntAsCbSPtUDcd

Meadows, D. (1972). Los límites del crecimiento. México: Fondo de Cultura Económica.

Mearman, Andrew, Danielle Guizzo, Sebastian Berger. (2018). Whither political economy? Evaluating the CORE project as a response to calls for change in economics teaching. Review of Political Economy 30 (2): 241–259.

Moncayo Vázquez, Jorge. (2020) Sobre Los Organismos Genéticamente Modificados (OGM) 5-8

Naciones Unidas. (1975). Report of the World Food Conference. Roma, Italia.

Naciones Unidas. (18 de septiembre de 2015). Transformar nuestro mundo: la Agenda 2030 para el Desarrollo Sostenible. Asamblea General. Obtenido de Department of Economic and Social Affairs:

https://sustainabledevelopment.un.org/post2015/transformingourworld

Nairobi. Otsuka, K., Larson, D.F., (2013). Towards a green revolution in sub-Saharan Africa. In: Otsuka, K., Larson, D.F. (Eds.), An African Green Revolution. Springer, New York, pp. 281–300.

Naredo, J. M. (2002). Economía y sostenibilidad: la economía ecológica en perspectiva. Polis.

Neven, D. (2015). Desarrollo de cadenas de valor alimentarias sostenibles. Organización de las naciones unidas para la alimentación y la agricultura. Roma.

Nicholls, C. I., Henao, A., & Altieri, M. A. (2017). Agroecología y el diseño de sistemas agrícolas resilientes al cambio climático. Agroecología, 10(1), 7-31. Recuperado a partir de https://revistas.um.es/agroecologia/article/view/300711

O'Sullivan, Patrick. (2019). Economists' Personal Responsibility and Ethics. In The Ethical Formation of Economists, ed. Ioana Negru and Wilfred Dolfsma, 44–60. New York: Routledge.

Oddone, Nahuel y Ramón Padilla Pérez (2016). "Economic and social upgrading through professional and supporting services: Lessons from the shrimp value chain in El Salvador", Regions & Cohesion, Vol. 6, Iss. 1. Luxembourg, Berghahn Journals and Laboratoire de Sciences Politiques, Université du Luxembourg.

OECD (2007), "2007 Annual Report on Sustainable Development Work in the OECD", www.oecd.org/dataoecd/38/21/40015309.pdf.

OECD (2007), Institutionalising Sustainable Development, OECD Sustainable Development Studies, OECD Publishing, París.

OECD (2019), PISA 2018 Results (Volume I): What Students Know and Can Do, PISA, OECD Publishing, Paris, https://doi.org/10.1787/5f07c754-en OECD (2019), PISA 2018 Results (Volume II): Where All Students Can Succeed, PISA, OECD Publishing, Paris, https://doi.org/10.1787/b5fd1b8f-en

Oldeman, L.R., Hakkeling, R.T.A., Sombroek, W.G., (1991). World Map of the Status of Human-induced Soil Degradation: An Explanatory Note, second ed. International Soil Reference and Information Center, Wageningen and United Nations Environment Programme,

Padilla Pérez, Ramón (ed.) (2014), Fortalecimiento de las cadenas de valor como instrumento de la Política Industrial, Libros de la cepal N° 123, Santiago de Chile,

Naciones Unidas, Comisión Económica para América Latina y el Caribe (un-cepal) y Deutsche Gesellschaft für Internationale Zusammenarbeit (giz).

Panayotou, T. (1993). Empirical Test and Policy Analysis of Environmental Degradation at Different Stages of Economic Development. Geneva: World Employment Research Programme, Working Paper, International Labour Office.

Pannell, D.J., Glenn, N.A., (2000). A framework for the economic evaluation and selection of sustainability indicators in agriculture. Ecol. Econ. 33, 135–149.

Pannell, D.J., Schilizzi, S., (1999). Sustainable agriculture: A question of ecology, ethics, economic efficiency or expedience? Journal of Sustainable Agriculture 13 (4), 57–66.

Pardey, P.G., (2011). African agricultural productivity growth and R&D in a global setting. In: Global Food Policy and Food Security Symposium Series, Lecture Paper. Stanford University, Center on Food Security and the Environment (FSE), Stanford, CA.

Parra, R. (2013). La agroecología como un modelo económico alternativo para la producción sostenible de alimentos. *Revista Arbitrada: Orinoco, Pensamiento y Praxis*, (3), 24-36.

Pelayo, M. (2019, 20 julio). Pasado y presente de la seguridad alimentaria. Consumer. https://www.consumer.es/seguridad-alimentaria/pasado-y-presente-de-la-seguridad-alimentaria.html

Pérez Vázquez, A., Leyva Trinidad, D. A., & Gómez Merino, F. C. (2018). Desafíos y propuestas para lograr la seguridad alimentaria hacia el año 2050. Revista Mexicana de Ciencias Agrícolas.

PISA (2019). El Programa para la Evaluación Internacional de Alumnos de la OCDE, PISA-2018. Nota País México.
https://www.oecd.org/pisa/publications/PISA2018_CN_MEX_Spanish.pdfd

PMA. (2002). Informe Anual. Roma: WFP.

Roser, M. (2019). Future Population Growth. Obtenido de Our World In Data:
https://ourworldindata.org/future-population-growth

Rosset, P. (2011). Food Sovereignty and Alternative Paradigms to Confront Land Grabbing and the Food and Climate Crises. *Development*, *54*(1), 21-30.
https://doi.org/10.1057/dev.2010.102

Ruzben-Rola, M., & Hardaker, J. (s.f.). Economics and Policy of Food production. The role of food, agriculture, forestry and fisheries in human nutrition - Vol. III., Encyclopedia of Life Support Systems (EOLSS).

Sadik, N. (s.f.). Population growth and the food crisis. Obtenido de FAO.
http://www.fao.org/3/u3550t/u3550t02.htm
Sánchez, G. V. (2006). Economía y Sustentabilidad. En Introducción a la teoría económica. Pearson Educación.

Satorre, E. (2004). Marco conceptual de la sostenibilidad. Seminario: Seguridad alimentaria. (2019, 5 mayo). HiSoUR Arte Cultura Historia.
https://www.hisour.com/es/food-security-40386/

Shah, M., & Xepapadeas, A. (2005). Food and Ecosystems. En Ecosystems and Human Well-Being: Our Human Planet. Millennium Ecosystem Assessment. JICA-INTA. sustentables. *Informaciones Agronómicas del Cono Sur*, *48*, 6-10.

Thomson, G.R., Penrith, M.L., Atkinson, M.W., Thalwitzer, S., Mancuso, A., Atkinson, S.J., Osofsky, S.A., (2013) Dec. International trade standards for commodities and products derived from animals: the need for a system that integrates food safety and animal disease risk management. Transbound. Emerg. Dis. 60 (6), 507–515.

Toenniessen, G.H., O'Toole, J., De Vries, J., (2003). Advances in plant biotechnology and its option in developing countries. Curr. Opin. 6, 191–198.

Toledo, V. M. (2002). Agroecología, sustentabilidad y reforma agraria: la superioridad de la UICN, ONUMA Y WWF. (1991). Cuidar la Tierra: Estrategia para el Futuro de la Vida. Gland, Suiza:UNEP.

UNDP (2007), Human Development Report 2007/2008: Fighting Climate Change: Human Solidarity in a divided world, Palgrave Macmillan, Nueva York.

United Nations (1987) Report of the World Commission on Environment and Development: Our Common Future, Chapter 2: Towards Sustainable Development. Geneva, 3/20/1987.

United Nations (2005) Millennium Ecosystem Assessment. Available at www.millenniumassessment.org/en/index.aspx. (Accessed 5 January 2007).

United Nations. Global Resources Outlook. www.resourcepanel.org/reports/global-resources-outlook United Nations. Transforming our world: the 2030 Agenda for Sustainable Development
https://sustainabledevelopment.un.org/post2015/transformingourworld

United Nations: About the Sustainable Development Goals
www.un.org/sustainabledevelopment/sustainable-development-goals/

van den Bold, M., Kohli, N., Gillespie, S., Zuberi, S., Rajeesh, S., Chakraborty, B., (2015) Jun. Is there an enabling environment for nutrition-sensitive agriculture in South Asia? Stakeholder perspectives from India, Bangladesh, and Pakistan. Food Nutr. Bull. 36 (2), 231–247.

Venkataraman, Srividhya & Badar, Uzma & Hefferon, Kathleen. (2018). Agricultural Innovation and the Global Politics of Food Trade. 10.1016/B978-0-08-100596-5.22067-2.

WFEO Model Code of Ethics
www.wfeo.org/wp-content/uploads/code_of_ethics/WFEO_MODEL_CODE_OF_ETHICS.pdf

WFP. (2009). Hunger and Markets. World Hunger Series. London: Earthscan. Zezza, A., & Stamoulis, K. (s.f.). Socioeconomic policies and food security. The role of food, agriculture, forestry and fisheries in human nutrition. Vol III., Encyclopedia of Life Support Systems (EOLSS).

¿Qué es la seguridad alimentaria y por qué es importante? (s. f.). Cuaderno de Valores: el blog de Educo. Recuperado 1 de diciembre de 2020, de https://www.educo.org/Blog/Que-es-la-seguridadalimentaria-y-su-importancia Seguridad alimentaria. (2019, 5 mayo). HiSoUR Arte Cultura Historia. https://www.hisour.com/es/food-security-40386/

¿Qué es? | Plataforma de Conocimientos sobre las Cadenas de Valor Alimentarias Sostenibles | Organización de las Naciones Unidas para la Alimentación y la Agricultura. (s. f.). FAO.org. Recuperado 2 de diciembre de 2020, de http://www.fao.org/sustainable-food-value-chains/what-is-it/es/

La *autodeterminacion* de los pueblos no se logrará sin *soberania y seguridad alimentaria* y, para ello, se tiene que actuar dentro de la granja global como un sistema de perfecto engranaje para integrar esfuerzos en culminar en un *desarrollo sustentable y sostenido* de los habitantes que conforman la médula social y principales responsables del impacto en las leyes que rigen las fuerzas de la Naturaleza que nos han dado y proveen VIDA.

jibave

La soberanía alimentaria es la capacidad de cada pueblo para definir sus propias políticas agrarias y alimentarias de acuerdo con los objetivos de desarrollo sostenible y seguridad alimentaria. Ello implica la protección del mercado doméstico contra los productos excedentarios que se venden más baratos en el mercado internacional, y contra la práctica de la venta por debajo de los costos de producción.

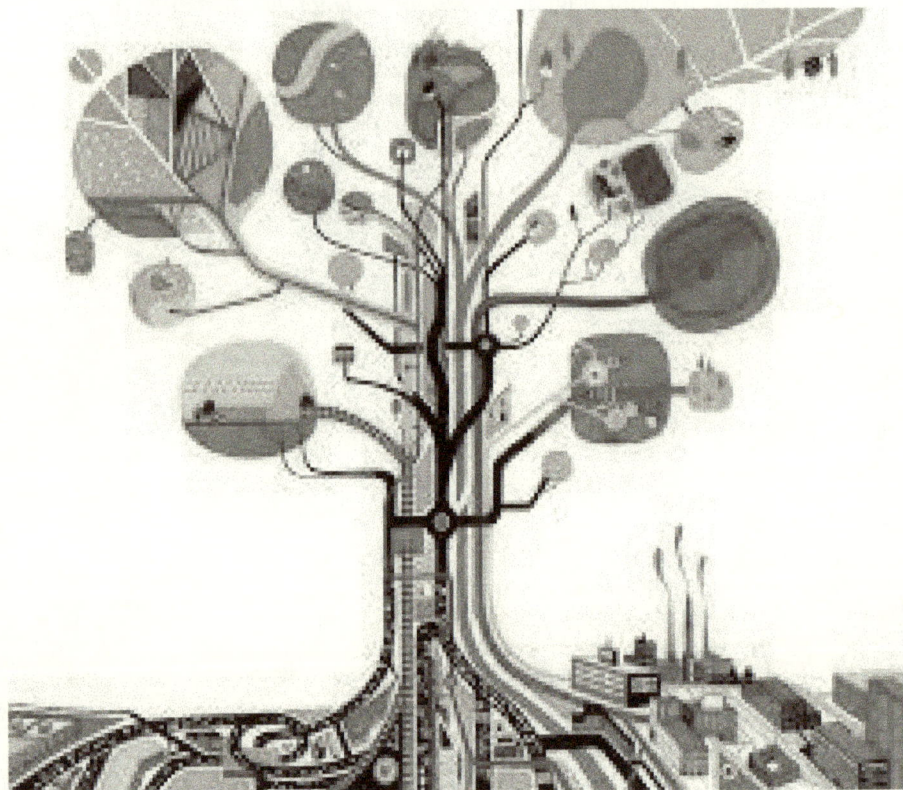

ISBN: 978-1-948150-41-5